U0294524

高等职业教育智能建造类专业"十四五"系列教材
住房和城乡建设领域"十四五"智能建造技术培训教材

智能建造概论

组织编写　江苏省建设教育协会
主　　编　王　伟　汪丛军
副 主 编　叶娟娟　王志海　程富强
主　　审　杨　彬

中国建筑工业出版社

本系列教材编写委员会

出版说明

　　智能建造是通过计算机技术、网络技术、机械电子技术、建造技术与管理科学的交叉融合，促使建造及施工过程实现数字化设计、机器人主导或辅助施工的工程建造方式，其已成为建筑业发展的必然趋势和转型升级的重要抓手。在推动智能建造发展的进程中，首当其冲的，是培养一大批知识结构全、创新意识强、综合素质高的应用型、复合型、未来型人才。在这一人才队伍建设中，与普通高等教育一样，职业院校同样担负着义不容辞的责任和使命。

　　传统建筑产业转型升级的浪潮，驱动着土木建筑类职业院校教育教学内容、模式、方法、手段的不断改革。与智能建造专业教学相关的教材、教法的及时更新，刻不容缓地摆在了管理者、研究者以及教学工作者的面前。正是由于这样的需求，在政府部门指导下，以企业、院校为主体，行业协会全力组织，结合行业发展和人才培养的实际，编写了这一套教材，用于职业院校智能建造类专业学生的课程教学和实践指导。

　　本系列教材根据高职院校智能建造专业教学标准要求编写，其特点是，本着"理论够用、技能实用、学以致用"的原则，既体现了前沿性与时代性，及时将智能建造领域最新的国内外科技发展前沿成果引入课堂，保证课程教学的高质量，又从职业院校学生的实际学情和就业需求出发，以实际工程应用为方向，将基础知识教学与实践教学、课堂教学与实验室、实训基地实习交叉融合，以提高学生"学"的兴趣、"知"的广度、"做"的本领。通过这样的教学，让"智能建造"从概念到理论架构、再到知识体系，并转化为实际操作的技术技能，让学生走出课堂，就能尽快胜任工作。

　　为了使教材内容更贴近生产一线，符合智能建造企业生产实践，吸收建筑行业龙头企业、科研机构、高等院校和职业院校的专家、教师参与本系列教材的编写，教材集中了产、学、研、用等方面的智慧和努力。本系列教材根据智能建造全流程、全过程的内容安排各分册，分别为《智能建造概论》《数字一体化设计技术与应用》《建筑工业化智能生产技术与应用》《建筑机器人及智能装备技术与应用》《智能施工管理技术与应用》《智慧建筑运维技术与应用》。

　　本系列教材可供职业院校开展智能建造相关专业课程教学使用，同时，还可作为智能建造行业专业技术人员培训教材。相信经过具体的教育教学实践，本系列教材将得到进一步充实、扩展，臻于完善。

江苏省建设教育协会

序　言

　　随着信息技术的普及，建筑业正在经历深刻的技术变革，智能建造是信息技术与工程建造融合形成的创新建造模式，覆盖工程立项、设计、生产、施工和运维各个阶段，通过信息技术的应用，实现数字驱动下工程立项策划、一体化设计、智能生产、智能施工、智慧运维的高效协同，进而保障工程安全、提高工程质量、改善施工环境、提升建造效率，实现建筑全生命期整体效益最优，是实现建筑业高质量发展的重要途径。

　　做好职业教育、培养满足工程建设需求的工程技术人员和操作技能人才是实现建筑业高质量发展的基本要求。2020年7月，《住房和城乡建设部等部门关于推动智能建造与建筑工业化协同发展的指导意见》（建市〔2020〕60号）发布，确定了推动智能建造的指导思想、基本原则、发展目标、重点任务和保障措施，明确提出了要鼓励企业和高等院校深化合作，大力培养智能建造领域的专业技术人员，为智能建造发展提供人才后备保障。

　　江苏省是我国的教育大省和建筑业大省，江苏建设教育协会专注于建设行业人才的探索、研究、开发及培养，是江苏省建设行业在人才队伍建设方面具有影响力的专业性社会组织。面对智能建造人才培养的要求，江苏省建设教育协会组织江苏省建筑业相关企业、高职院校共同参与，多方协作，编写了本套高等职业教育智能建造类专业"十四五"系列教材。教材涵盖了智能建造概论、一体化设计、智能生产、智能建造、智能装备、智慧运维等领域，针对职业教育智能建造专业人才培养需求，兼顾行业岗位继续培训，以学生为主体、任务为驱动，做到理论与实践相融合。这套教材的许多基础数据和案例都来自实际工程项目，以智能建造运营管理平台为依托，以BIM数字一体化设计、部品部件智能生产、智能施工管理、建筑机器人及智能装备、建筑产业互联网、数字交付与运维为典型应用场景，构建了"一平台、六专项"的覆盖行业全产业链、服务建筑全生命周期、融合建设工程全专业领域的应用模式和建造体系。这些内容与企业智能建造相关岗位具有很好的契合度和适应性。本系列教材既可以作为职业教育教材，也可以作为企业智能建造继续教育教材，对培养高素质技术技能型智能建造人才具有重要现实意义。

中国工程院院士

前　言

根据《住房和城乡建设部等部门关于推动智能建造与建筑工业化协同发展的指导意见》（建市〔2020〕60号）的要求，以教育部发布的新版《职业教育专业目录（2021年）》为依据，结合建筑工业化、数字化、智能化升级的新背景要求，为适应职业院校土木建筑类专业未来人才培养需求，编写本教材。

"智能建造概论"是一门兼具知识性和操作性的新课程，本教材围绕智能建造的定义、政策与标准、产业现状、技术体系等，系统介绍了智能建造的六大专项技术，力图让学生通过学习建立起智能建造基本知识架构体系，全面了解智能建造的发展背景、应用现状和未来趋势。

本教材的理论知识围绕智能建造"一平台、六专项"展开。本教材在相关知识点处配置了二维码数字资源，微信扫描二维码即可免费获取，可方便学生学习和理解。

本教材的编写，得到了江苏城乡建设职业学院、中亿丰数字科技集团有限公司、苏州建设交通高等职业技术学院、南京慧筑信息技术研究院有限公司、江苏省镇江技师学院、常熟市建筑行业协会、盐城工业职业技术学院、苏州科技大学等单位的大力支持。

本教材由王伟、汪丛军任主编，叶娟娟、王志海、程富强任副主编。其中第1章由王伟、汪丛军、叶娟娟、郑昕昀编写，第2章由汪丛军、郭清平、叶娟娟、陈行彦编写，第3章由倪树新、王志海编写，第4章由徐红仙、叶娟娟、于浩编写，第5章由徐莹、叶娟娟、戴润杰编写，第6章由季爽、叶磊编写，第7章由胥民尧、叶娟娟、程富强编写，第8章由蔡新江、叶娟娟编写。本教材由王伟和汪丛军统稿，同济大学杨彬任主审。

本教材集多所高校院所专家学者的智慧，就智能建造相关共性技术、前瞻技术的研发与应用，进行了深入浅出的阐释与系统介绍，同时还通过与中亿丰建设集团股份有限公司等企业的合作，极大地提升了专业教学与产业升级的适配性，有助于职业院校土木建筑类专业制定人才培养方案，优化培养目标，拓展能力要求，更新课程体系，落实实习实训，加快专业升级，更好服务建筑业转型升级。

智能建造相关教材的开发与编写，是新形势下适应建筑业转型升级人才培养的新尝试。在本教材编写中，得到了各位作者及其所在单位的大力支持，在此谨致谢忱。希望使用本教材的广大师生，提出意见和建议，帮助我们在后续修订中，使之臻于完善。

编　者

目 录

5 智能施工管理

6 建筑机器人及智能装备

8 建筑产业互联网

①

智能建造
概念及趋势

1.1 智能建造发展背景

教学目标

一、知识目标

1. 初步了解智能建造；

2. 熟悉智能建造发展背景；

3. 了解智能建造发展趋势。

二、能力目标

1. 能够运用信息化手段收集、检索、统计、分析行业发展的背景资料，了解行业发展对专业人才的需求类型；

2. 熟悉未来的就业岗位，明确职业成长的路径和方向。

三、素养目标

1. 能适应行业变化对岗位能力的要求，树立自主学习意识，能科学制定职业发展规划；

2. 能正确表达自己思想，学会理解和分析问题；

3. 树立以人为本，预防为主，安全第一的思想。

学习任务

全面了解建筑业发展的六大痛点及面临的机遇与挑战，了解国家及行业对建筑业转型发展提出的政策，为智能建造后续课程内容的学习打下基础。

建议学时

2 学时

思维导图

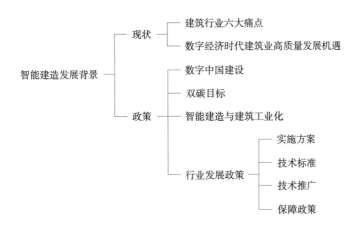

1.1.1　智能建造现状

1. 建筑行业六大痛点

建筑行业是指国民经济中从事建筑安装工程的勘察、设计、施工以及对原有建筑物进行维修活动的物质生产部门。2000 年以来，我国建筑业经历了快速发展时期，到 2022 年全国建筑业总产值 31 万亿元。建筑业是国民经济的支柱性产业，在我国经济发展、城乡建设及民生改善等领域都做出了重大贡献。但自 2020 年以来，随着我国城市化进程放缓、房地产政策的调整，建筑业进入前所未有的转型发展时期。建筑业面临着劳动力老龄化、资源浪费巨大、安全问题突出、环境污染严重、生产效率低下、产品性能欠佳等一系列问题。

（1）劳动力老龄化

建筑业是劳动密集型产业。我国充分利用了 60 后、70 后的人口红利，成长为全球最大的建筑市场，但这种红利正在加速消失。根据相关机构预测（图 1-1），到 2030 年中国建筑业的劳动力有 4921 万人，缺口将达到 2000 万人。此外，建筑业工人老龄化严重，2021 年 50 岁以上的建筑劳务工人占 39%，40~49 岁占比 27%，30~39 岁占比 23%，低于 30 岁的建筑工人仅占 11%。劳动力老龄化使得我国建筑业劳动力供需已经出现失衡。

（2）资源浪费巨大

随着工业化、城市化进程的加速，建筑业也同时快速发展，但由于建筑业粗放式施工，会造成材料浪费，相伴而产生的建筑垃圾日益增多。根据中国建筑科学研究院的统计数据，我国建筑业每年材料相关的浪费近 4600 亿元。此外，建筑垃圾的运输、处理和存放，对环境造成较大影响。

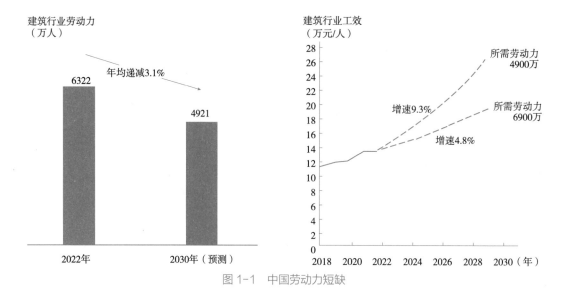

图 1-1　中国劳动力短缺

（3）安全问题突出

在我国安全生产形势依然严峻的大背景下，作为"高危"行业的建筑业及生产领域安全问题尤其突出。据 2021 年国家应急管理部统计，在 12 个安全生产重点行业中，建筑业事故总量已连续 9 年排在"工矿商贸"领域事故的第一位。从全国工程质量安全监管信息平台公共服务门户查询，2022 年全国房屋市政工程发生生产安全事故 549 起，死亡人数 622 人，死亡事故类型多为高处坠落、物体打击等（图 1-2），主要原因是安全意识薄弱，安全教育、安全监管、安全措施不到位。

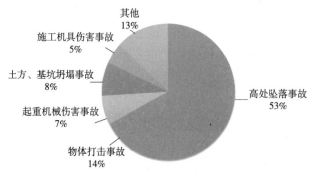

图 1-2　全国房屋市政工程安全事故死亡人数比例

（4）环境污染严重

施工扬尘、噪声及建筑垃圾，对建筑施工过程造成了较大影响，也是城市环境污染的主要来源，已经严重影响了社会大众的日常生活。比如，城市建筑扬尘能够散射阳光，降低空气能见度，改变城市的气候，给交通出行以及日常生活带来严重不便；城市扬尘中有一些颗粒可被人体吸入，容易引发心血管疾病以及呼吸类疾病等。

（5）生产效率低下

目前，施工方式仍以传统的现浇作业为主，建材基本以原材料形式到达施工现场后

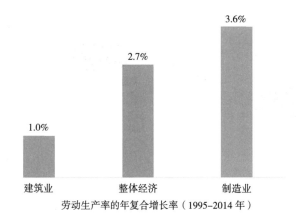

劳动生产率的年复合增长率（1995–2014 年）
图 1-3　建筑业与制造业的劳动生产率的年复合增长率对比图

仍需再加工，项目上采用数字技术偏少，材料实际损耗较大，人力、财力、能源耗费严重，劳动生产率始终在低位徘徊。据麦肯锡统计，1995—2014 年期间，建筑业的劳动生产率的年复合增长率仅为 1%，而制造业的劳动生产率的年复合增长率为 3.6%（图 1–3）。

（6）产品性能欠佳

现有的建筑产品欠佳，高能耗建筑偏多，智能化程度偏低，粗放低质的建筑产品过多。房屋建筑质量及材料问题导致的投诉数量长期处于消费者投诉的前三位。在 2023 年春召开的住房和城乡建设重点工作推进会上，住房和城乡建设部部长倪虹提出，"安居是人民群众幸福的基点，要牢牢抓住安居这个基点，让老百姓住上更好的房子，再从好房子到好小区、好社区、好城区"。

要做到"好房子"，需要具备"四好"条件：第一，设计要好，要符合用户需求和喜好；第二，材料要好，要建立材料的追溯监管体系；第三，质量要好，要建立质量检测、质量验收体系；第四，运行要好，建筑具备绿色低碳、碳排放低的特质。

2. 数字经济时代建筑业高质量发展机遇

自人类社会进入信息时代，数字技术的快速发展和广泛应用衍生出数字经济（Digital Economy）。数字经济作为一种新的经济形态，是以云计算、大数据、人工智能、物联网、区块链、移动互联网等信息通信技术为载体，基于信息通信技术的创新与融合来驱动社会生产方式的改变和生产效率的提升。

数字经济是一种新的经济、新的动能、新的业态，与农耕时代的农业经济、工业时代的工业经济大有不同，其引发了社会和经济的整体性深刻变革（图 1–4）。数字经济的核心是数据，数据成为关键生产要素，相当于土地、劳动力和资本是农业经济时代和工业经济时代的关键生产要素。

数字经济时代为建筑业带来了许多创新性的技术。例如，互联网、5G、大数据、人工智能、物联网等现代科技在建筑领域的应用正在不断深入。这些技术可以帮助建筑业实现更精准的设计、更高效的施工、更智能的管理，从而提升建筑业的整体质量和效率。

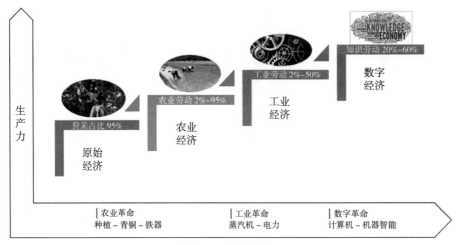

图1-4 数字经济

1.1.2 智能建造政策

1. 数字中国建设

党的十八大以来，数字中国建设一直是我国经济和社会高质量发展的主要方向。2023年2月中共中央、国务院印发了《数字中国建设整体布局规划》，提出到2035年，数字化发展水平进入世界前列，数字中国建设取得重大成就；整体提升应用基础设施水平，加强传统基础设施数字化、智能化改造。

2. 双碳目标

2020年9月中国明确提出2030年"碳达峰"与2060年"碳中和"目标。建筑业是"排碳大户"，也是实现"双碳"目标的重点领域。建筑领域高质量发展的具体目标就是要大力推行实现低碳健康建筑。"双碳"不仅仅是建筑行业的一项指标，更代表着传统建筑走向以可持续发展为驱动的数字时代。

3. 智能建造与建筑工业化

2020年7月《住房和城乡建设部等部门关于推动智能建造与建筑工业化协同发展的指导意见》发布，指出智能建造与建筑工业化融合发展，对推动建筑业转型升级和高质量发展意义重大。智能建造在工业化建造和数字化建造的基础上，通过信息技术与建造技术的深度融合，结合先进的精益建造理论方法，实现工程项目的成功交付。

2022年10月25日《住房和城乡建设部关于公布智能建造试点城市的通知》发布，北京市等24个城市入选智能建造试点城市，积极探索建筑业转型发展的新路径。智能建造试点工作的预期目标主要包括3个方面：一是加快推进科技创新，提升建筑业发展质量和效益。重点围绕数字设计、智能生产、智能施工、建筑产业互联网、建筑机器人、智慧监管六大方面，挖掘一批典型应用场景，加强对工程项目质量、安全、进度、成本等全要素数字化管控，形成高效益、高质量、低消耗、低排放的新型建造方式。二是打造智能建造产业集群，培育新产业新业态新模式。三是培育具有关键核心技术和系统解决方案能力的骨干建筑企业，增强建筑企业国际竞争力。

4. 行业发展政策

（1）实施方案

2023 年上半年，首批 24 个智能建造试点城市及相关省份（表 1-1），纷纷出台了智能建造实施方案及三年行动计划，为智能建造的全面推广储备经验和做法。比如，江苏省住房和城乡建设厅印发了《关于推进江苏省智能建造发展的实施方案（试行）》，明确 2025 年、2030 年、2035 年三个阶段目标，提出了建立健全智能建造标准体系、重点突破智能建造关键领域、拓展智能建造应用场景、构建智能建造绿色化应用体系、打造智能建造领军企业、加快推进建筑行业"智改数转"6 项推进行动。

智能建造试点城市相关政策 表 1-1

发布单位	发布日期	政策名称	内容要点
住房和城乡建设部等 13 部门	2020 年 7 月	住房和城乡建设部等部门关于推动智能建造与建筑工业化协同发展的指导意见	要围绕建筑业高质量发展总体目标，以大力发展建筑工业化为载体，以数字化、智能化升级为动力，形成涵盖科研、设计、生产加工、施工装配、运营等全产业链融合一体的智能建造产业体系。到 2025 年，我国智能建造与建筑工业化协同发展的政策体系和产业体系基本建立，建筑产业互联网平台初步建立，推动形成一批智能建造龙头企业，打造"中国建造"升级版
住房和城乡建设部	2022 年 10 月	住房和城乡建设部关于公布智能建造试点城市的通知	将北京市等 24 个城市列为智能建造试点城市，试点自公布之日开始，为期 3 年。首批试点城市分别是北京市、天津市、重庆市、雄安新区、保定市、沈阳市、哈尔滨市、南京市、苏州市、温州市、嘉兴市、台州市、合肥市、厦门市、青岛市、郑州市、武汉市、长沙市、广州市、深圳市、佛山市、成都市、西安市、乌鲁木齐市
江苏省住房和城乡建设厅	2022 年 12 月	关于推进江苏省智能建造发展的实施方案（试行）	提出加大智能建造技术在工程建设各环节应用，实现工程建设高效益、高质量、低消耗、低排放，增强建筑业可持续发展能力，塑造"江苏建造"新品牌。到 2025 年末，智能建造技术在中大型项目中的应用比例达到 50%；到 2030 年末，智能建造技术在中大型项目中的应用比例达到 70%；到 2035 年末，智能建造技术在中大型项目中的应用比例达到 100%
苏州市人民政府	2022 年 12 月	关于加快推进智能建造的实施方案	到 2025 年，建成苏州市智能建造推进工作机制，完善智能建造政策体系，建立苏州市智能建造相关标准体系。建立智能建造产业生态，培育、引进不少于 20 家相关产业公司。打造行业级建筑产业互联网平台不少于 1 个，引导建成企业级建筑产业互联网平台不少于 5 个。形成智能建造产业，实现智能建造和建筑工业化协同发展。到 2035 年，全面建成智能建造相关政策体系和产业体系
广东省住房和城乡建设厅等部门	2022 年 1 月	广东省住房和城乡建设厅等部门关于推动智能建造与建筑工业化协同发展的实施意见	到 2023 年末，智能建造相关标准体系、评价体系初步建立，智能建造与建筑工业化协同发展的政策体系和产业体系基本形成。到 2025 年末，智能建造相关标准体系与评价体系趋于完善，形成较为完整的智能建造与建筑工业化协同发展的政策体系和产业体系。到 2035 年末，培育一批在智能建造领域具有全球一流水平核心竞争力的龙头骨干企业，形成万亿级的产业集群

续表

发布单位	发布日期	政策名称	内容要点
保定市人民政府	2023年2月	保定市智能建造试点城市实施方案	2023年，智能建造政策支撑体系基本建立。完成BIM报建审批、BIM审图、智能建造管理信息3个平台搭建，在政府和国有资金投资项目、2万平方米以上的大型公建项目、装配式建筑等领域设计、施工阶段应用BIM技术；绘制1套智能建造产业链图谱；创建1个智能建造创新联盟。到2024年，形成较为完善的智能建造产业体系。智能建造产业规模力争达到200亿元以上。到2035年，实现设计、生产、施工、运维等全产业链协同发展，建筑业企业全面实现数字化、智能化转型，建筑业产业基础、科技创新能力达到全国领先水平
长沙市人民政府	2023年3月	关于推动智能建造与新型建筑工业化协同绿色低碳高质量发展行动方案	（一）健全智能建造"发展体系"。到2025年，形成与智能建造和新型建筑工业化发展相适应的政策、标准、技术、造价、监管体系；（二）打造智能建造"产业舰队"。到2025年，全市基本形成2000亿级规模以上的智能建造产业，培育4个百亿级企业，实施10个十亿级项目，培育发展智能建造产业基地30家以上，打造10个以上具有示范效应的智能建造工程项目；到2030年，智能建造产业产值力争突破5000亿元，成为在国内、国际具有核心竞争力的智能建造产业高地；（三）形成智能建造"长沙模式"。到2035年，全市智能建造与新型建筑工业化发展取得显著进展，智能建造发展体系完备，"长沙智能建造"水平处于全国前列

（2）技术标准

2022年12月，江苏省政府发布了《关于推进江苏省智能建造发展的实施方案（试行）》，其中包含了江苏省智能建造试点项目评价指标及江苏省智能建造试点企业评价指标。2023年11月江苏省住房城乡建设厅发布的《省住房城乡建设厅关于组织开展2023年度江苏省优质工程奖扬子杯申报工作的通知》增设了智能建造专项，规定了智能建造运用的考核内容。这些为智能建造技术标准的制定奠定了基础。

（3）技术推广

2022年6月，苏州市住房和城乡建设局关于印发《全面推进苏州市建筑信息模型（BIM）技术应用工作方案》的通知，明确建筑面积超过20000平方米（含）或投资额超过1亿元（含）、以政府和国有资金投资为主的保障性住房、市政基础设施、城市轨道交通和建筑产业现代化示范项目，建筑面积超过30000平方米（含）的住宅小区项目，建筑面积超过5000平方米（含）的公共建筑，申报二星及以上绿色建筑的建设项目必须全面开展BIM技术应用。

2023年3月，苏州市住房和城乡建设局印发《苏州市2023年度智能建造推进工作要点》，率先推广建筑机器人应用，要求试点项目先行应用建筑机器人；2023年5月起，政府投资房建工程单项5万平方米以上项目，应率先试用成熟建筑机器人；至2023年底，全市单项5万平方米以上房建工程项目全面使用建筑机器人辅助施工。

（4）保障政策

2023年5月26日，苏州市住房和城乡建设局发布了《关于2023年度苏州市智能建造试点项目的公示》，共28个项目被确定为试点的项目，可直接入选"姑苏杯"，优先推荐申报"扬子杯",支持申报国家优质工程和鲁班奖。

2023 年 5 月,苏州市编制了《智能建造(建筑机器人)补充定额(试行)》,补充定额从现浇满堂基础、现浇板、地面混凝土垫层、细石混凝土找平层、蒸压轻质加气混凝土隔墙板(ALC 板)安装、内墙面喷涂腻子、内墙面喷涂乳胶漆七个方面使用建筑机器人施工入手,共编制了十五个定额子目。

 学习小结

完成本节学习后,读者应该知道建筑业六大行业痛点,知道数字经济对建筑业高质量发展的推动作用,了解智能建造相关政策背景,深刻体会到推广智能建造的重要性。

知识拓展

码 1-1 智能建造相关政策及标准

习题与思考

1. 填空题

(1)建筑行业目前存在的六大痛点是_____、_____、_____、_____、_____、_____。

(2)要做到"好房子",需要具备"四好"条件:第一,_____;第二,_____;第三,_____;第四,_____。

2. 选择题

(1)2020 年 9 月中国明确提出_____年"碳达峰"与_____年"碳中和"目标。

A. 2030   B. 2040   C. 2050   D. 2060

(2)到 2030 年我国建筑业的劳动力缺口将达到_____万人。

A. 1000   B. 1500   C. 2000   D. 2500

3. 简答题

(1)概述智能建造试点工作的三大预期目标。

(2)中国首批 24 个智能建造试点城市有哪些?

码 1-2 习题与思考参考答案

1.2 智能建造概述

 教学目标

一、知识目标

1. 熟知智能建造的定义；

2. 了解智能建造的内涵。

二、能力目标

1. 能掌握智能建造的定义；

2. 能说出智能建造的内涵。

三、素养目标

1. 能够适应行业变化和变革，具备信息化的学习意识，能有效地获得各种资讯；

2. 能正确表达自己思想，学会理解和分析问题。

 学习任务

对智能建造的定义与内涵有全面了解，为理解智能建造打下基础。

 建议学时

1 学时

思维导图

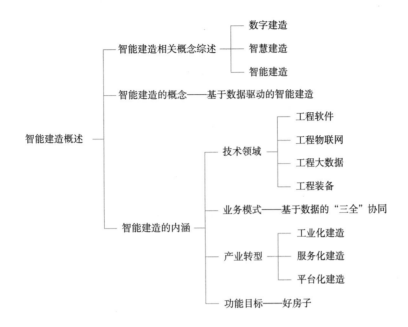

1.2.1 智能建造相关概念综述

智能建造目前还没有确定的定义，不同专家学者和机构都有不同的理解和诠释，如数字建造、智慧建造、智能建造等。

1. 数字建造

数字建造是从制造业引入建造业的概念，是指利用计算机或智能设备进行建造与施工，是数字技术体系与工程建造的有机集成，是工程建造行业发展的新模式。数字建造按照一定的标准和规范，实现建筑元素数字化，结合网络交互、视觉认知以及智能化决策支持，实现工程项目决策、设计、建造、运维的高度集成化、协同化管理，不断优化工程建造管理动态过程，为用户提供以人为本、可持续发展的工程数字产品和服务。数字建造不仅仅是工程建造技术的变革创新，更将从产品形态、建造方式、经营理念以及行业管理等方面重塑建筑业。

2. 智慧建造

智慧建造是智慧城市、智能建筑的延伸。"智慧""智能"延伸到工程项目的建造过程中，就产生了智慧建造的概念。智慧建造意味着在建造过程中充分利用智能技术及其相关技术，通过建立和应用智能化系统，提高建造过程智能化水平，减少对人的依赖，实现安全建造，建成性能价格比更好、质量更优的建筑。

3. 智能建造

丁烈云院士在"智能建造推动建筑产业变革"的主题演讲中提出：智能建造是新一代信息技术与工程建造融合形成的工程建造创新模式：即利用以"三化"（数字化、网络化和智能化）和"三算"（算据、算力、算法）为特征的新一代信息技术，在实现工程建造要素资源数字化的基础上，通过规范化建模、网络化交互、可视化认知、高性能计算以及智能化决策支持，实现数字链驱动下的工程立项策划、规划设计、施工/加工生产、运维服务一体化集成与高效率协同，不断拓展工程建造价值链、改造产业结构形态，向用户交付以人为本、绿色可持续的智能化工程产品与服务。

1.2.2　智能建造的概念

智能建造是指在工程全生命期中，以数据为核心，驱动标准化设计、工业化制造、智能化施工和智慧化运维，实现工程勘察、测量、设计、构件生产、物流供应、现场施工以及验收交付的全流程精细化协同，实现工程以人为本、安全保障、品质提升、绿色低碳、降本增效的新一代建造模式与管理理念。

1.2.3　智能建造的内涵

智能建造涉及建筑业面向数字经济时代的全面数字化转型，其内涵主要围绕技术领域、业务模式、产业转型、功能目标四大内容展开（图1-5）。

图1-5　智能建造内涵

1. 技术领域

（1）工程软件：BIM技术是智能建造的核心关键技术之一，依托BIM技术，为建筑业多专业提供信息共享与交换的数据标准，面向工程项目的实际需求，加快制定工程软件标准体系，提升三维图形引擎的自主可控水平，打造以自主可控、安全可信的BIM软件为核心的全产业链一体化软件生态。

（2）工程物联网：工程行业是物联网应用主要场景之一，通过物联网软硬件融合、全要素感知柔性自适应组网、多模态异构数据智能融合等技术，强化工程物联网的应用价值。

（3）工程大数据：工程行业软硬件系统众多，数据集成和融合应用是提高效率的关键，创新数据采集、储存和挖掘等关键共性技术，建立完整的工程大数据产业体系，增强大数据应用和服务能力，带动关联产业发展，催生建造服务新业态。

（4）工程装备：工程机械正在走向智能装备，建立健全智能化工程机械标准体系，打破核心零部件和关键技术的壁垒，提高产品的可靠性，创新多样化综合服务模式。

2. 业务模式

智能建造的关键是实现基于数据的"三全"协同，即智能建造技术的业务模式，以土木工程建造技术为基础，以现代信息技术和智能技术为支撑，包含工程建设的勘测、设计、施工、运维等全生命周期、全专业融合、全产业链协同，实现工程建设全生命周期数据模型的信息集成与业务协同。

3. 产业转型

（1）工业化建造：智能建造采用工业化建造方式，按照工业化大生产的方式建造建筑，采用现代化的制造、运输、安装和科学管理生产方式，来代替分散的、手工的、低效的传统作业方式，实现设计标准化、构件生产工厂化、施工机械化和组织管理精细化，能够提高建造效率和产品性能，具有良好的经济价值。

（2）服务化建造：智能建造提升服务化建造比重，打造"2.5产业"（介于第二和第三产业之间的产业，含有研发、设计、服务、贸易、结算等第三产业职能），建造服务是指工程参与方凭借人员、设备、设施或其他有形资源所进行的一系列活动，以满足业主某种特定需求，包括研发设计、全过程咨询服务、供应链服务、运维管理服务等。工程建造服务化主要对包括设计过程、施工过程及其他支持过程等工程建造过程的服务化，通过建造与服务的融合创新、流程再造等，实现差别化竞争。

（3）平台化建造：智能建造促进产业互联网发展。互联网平台的发展打破了各行业原有的基于线性价值链的组织方式以及价值分配规则，通过整合生产厂商、中间商、最终消费者、第三方服务提供商以及金融保险等各类主体，使他们可以基于互联网平台及时获取情报以满足自身发展需求。建筑业人员、机械设备、材料等重点生产要素，可以依托产业互联网平台，实现产业链高效对接，促进价值链的升级发展。今年来出现的建筑劳务产业园及互联网平台、集采平台、设备公共租赁平台等，是产业互联网发展的重要实践。

4. 功能目标

智能建造的功能目标是打造"好房子",以智慧建筑、智慧园区、智慧城市为途径,为用户提供以人为本、绿色低碳、经济舒适的可持续建筑产品与运维服务。

学习小结

完成本节学习后,读者应熟练掌握智能建造的定义,知晓智能建造四大内涵的深层意义及各部分之间的内在联系。

知识拓展

码 1-3 国外智能建造现状

习题与思考

1. 填空题

(1)新一代信息技术的特征中的"三化"是指_____、_____、_____。

(2)新一代信息技术的特征中的"三算"是指_____、_____、_____。

码 1-4 习题与思考参考答案

2. 选择题

(1)( )是智能建造技术内涵。

A. 工程软件   B. 工程物联网

C. 工程大数据   D. 工程装备

(2)智能建造产业转型主要有( )。

A. 工业化建造   B. 服务化建造

C. 平台化建造   D. 数字化建造

3. 简答题

(1)概述智能建造的定义。

(2)概述智能建造的功能目标。

1.3　智能建造发展趋势

教学目标 📖

一、知识目标

1. 了解智能建造的生产方式、企业模式及产业模式；
2. 了解智能建造的相关人才需求。

二、能力目标

1. 能表述出智能建造主要企业模式及产业模式；
2. 能表述智能建造六专项。

三、素养目标

1. 能够适应行业变化和变革，具备信息化的学习意识，能有效地获得各种资讯；
2. 能正确表达自己思想，学会理解和分析问题。

学习任务 🖥

对智能建造在生产方式、企业模式、产业模式、人才培养方面的发展趋势有一个全面的了解，为理解智能建造打下基础。

建议学时 ✥

2 学时

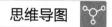

思维导图

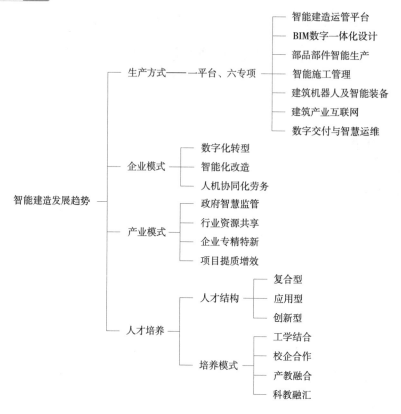

1.3.1 生产方式

智能建造通过智能化数字化手段，打造智能建造运管平台，围绕"BIM 数字一体化设计、部品部件智能生产、智能施工管理、建筑机器人及智能装备、建筑产业互联网、数字交付与智慧运维"六专项（图 1-6），改变了传统建筑业的生产方式。

1.3.2 企业模式

1. 数字化转型

建筑企业数字化转型是围绕企业战略、愿景和业务管理目标提出来的，是企业由粗放型走向精细型高质量发展的关键举措。建筑企业管理一般可以分为财务管理、业务管理、工程管理、协同办公、客户管理、供应链管理等领域，而企业数字化转型包括业务流程再造、商业模型升级、业务领域扩张、企业文化提升等多个方面。通过数字化转型企业可提高市场营销能力和生产效率、改善客户体验、降低运营成本。

图1-6 智能建造生产方式

2. 智能化改造

工厂、工地、建筑的智能化改造是数字化转型的基础。智能化改造对于企业来说，不仅是重要的设备投资行为，同时还涉及基于机器学习等智能算法来优化其生产活动，整合企业各层的生产管理系统，改进从研发到设计、制造和质量控制等全生产流程，使得流程之间实现无缝衔接，推动企业生产过程更为精准与高效。通过智能硬件和装备、网络设施及安全、工业互联网平台等技术，打造智慧工地、智能工厂、智慧建筑等智能化应用场景，全面提升智能空间服务水平，是智能化改造的重点任务。

3. 人机协同化劳务

人机协同合作是指人类和机器在工作中紧密合作，充分发挥各自的优势，实现高效的工作成果。在这种新模式下，人类不再是简单的机器操作者，而是更加注重思维、创新和决策能力的发挥者；而机器则通过人工智能技术，具备了更高的自主学习和自动化处理能力，能够协助人类完成繁琐、重复和高风险的工作。长期来看，用更高效的方式取代低效的劳动，将是不可逆的趋势。未来五年内，人类和数字化劳动力混合的员工队伍将会变得非常普遍。

1.3.3 产业模式

1. 政府智慧监管

建筑业的发展离不开政府的大力监管。在智能建造时代，依托国家政务服务平台，建设智慧政务"互联网＋监管"系统，充分运用互联网、大数据等信息技术手段，联通各地区有关部门系统，汇聚重点监管数据，强化大数据分析利用，逐步实现监管数据可共享、可分析和风险可预警，推动监管事项全覆盖、监管过程全记录，提升事中、事后监管规范化、精准化、智能化水平。

2. 行业资源共享

产业链的竞争成为未来市场竞争的主要领域。互联网作为一种新型网络消费模式和新型经营模式，本质上是将行业之间不同性质的资源进行共享与整合，以提升其市场竞争力、利润和收益。通过产业互联网平台，不同的企业可以实现"信息共享"和"业务合作"，这将成为建筑业未来核心资源共享的模式。

3. 企业专精特新

"专精特新"企业具有核心竞争优势，发挥着连接断点、疏通堵点的重要作用，是解决关键核心技术"卡脖子"问题的重要力量。智能建造时代需要更多"专精特新"中小企业，需要更多建筑企业走专业系统化、管理精细化、特色化、新颖化发展道路，加强技术创新能力和核心竞争优势。随着智能建造不断普及，工程软件、工程物联网、工程大数据和工程智能装备等领域，将涌现一大批"专精特新"企业，也将为推动经济高质量发展、构建新发展格局注入源动力。

4. 项目提质增效

随着智能建造技术的普及，行业生产效率有望实现 30%~50% 的提升，数字技术将成为行业安全质量品质和生产效率提升的关键。由于工程项目的特殊性，建筑工程项目的降本增效是一个非常复杂且系统的管理工程，同时也具有较强的动态变化性。在现代建筑市场竞争环境日益激烈的前提下，进一步强化建筑工程项目各个环节的管理，才能促进建筑工程项目真正实现降本增效的目标，才能促进建筑企业实现经济效益和社会效益的最大化。

1.3.4 人才培养

1. 人才结构

智能建造是建筑业在数字经济时代衍生出的新产业和新模式。智能建造作为新基建的重要组成部分，产业规模巨大。在 2023 年全国智能建造试点城市工作会议中，丁烈云院士提出，"十四五"期间智能建造产业产值累计达 2.1 万亿元，2025 年年度智能建造产值达到 1.4 万亿元，至 2030 年智能建造产值有望突破 2 万亿元。

新产业的蓬勃发展催生了对新型人才的迫切需求，特别是在智能建造领域，专业技术人员的需求日益凸显。智能建造不仅渴求具备深厚研发背景的高端人才，更加需要那些熟练掌握操作技能的职业技术人员。建筑行业急需培养一批具备复合型、创新型、应用型人才特质的技术工人，使他们能够熟练运用工程软件、工程物联网、工程大数据和工程智能装备等新技术。这些新型技术工人的加入，将推动建筑领域的生产施工工艺和管理方式发生深刻的变革。未来，由这些高技术工人和高科技工具共同组成的智能建造实施团队，将成为建筑业的核心作业力量，引领行业走向更加智能、高效的发展道路。

从人才需求的角度出发，目前智能建造领域对多个方面的专业人才有着迫切的需求。这包括工程软件、工程物联网、工程机械与装备、工程互联网等领域的专家，他们分别扮演着产品设计工程师、UI 设计工程师、前后端开发工程师、产品测试工程师等重要角色（图 1-7）。这些岗位共同推动着智能建造行业的持续发展与进步。展望未来，我们期望通过建立完善的智能建造专业人才认证体系，对 BIM、机器人、IT、项目管理等关键职位进行专业认证。同时，这一体系将与现有的职称体系相结合，共同推动智能建造专业人才的深入培养与发展。这样的举措不仅有助于提升人才的专业素质和技能水平，更能为智能建造行业的长远发展提供坚实的人才保障。

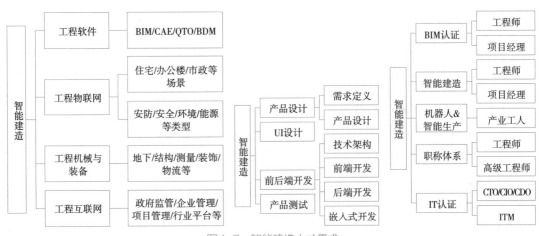

图 1-7　智能建造人才需求

2. 培养模式

人才培养模式，无疑是当前高等职业教育发展所面临的关键性议题之一。对于高职院校而言，构建专业的人才培养模式，实际上就是在特定的教育群体中，精心规划并设计知识、能力、素质三者的结构布局，并探索实现这一结构的有效路径。在智能建造领域，人才培养模式的构建尤为关键。当前，主要的人才培养模式包括工学结合、校企合作、产教融合以及科教融汇等多种方式。这些模式旨在将学习与工作、理论与实践、教育与产业紧密结合，从而培养出能够迅速适应并胜任智能建造产业需求的高素质人才。通过这些人才培养模式的实施，为智能建造产业源源不断地输送具备专业技能、实践经验和创新思维的优秀人才，为产业的持续健康发展提供有力的人才保障。

学习小结

完成本节学习后，读者应该了解智能建造以"一平台、六专项"的模式改变了传统建造的生产方式；推动建筑企业在数字化转型、智能化改造、人机协同化劳务方面提升；促进产业转型，推动政府智慧监管、行业资源共享、企业专精特新、项目提质增效；在新时代下，建筑业对人才结构及培养模式的要求。

知识拓展

码1-5　智能建造建设与数字中国建设

习题与思考

1. 填空题

（1）智能建造通过智能化数字化手段，打造智能建造运管平台，围绕_____、_____、_____、_____、_____、_____六大专项，改变了传统建筑业的生产方式。

（2）智能建造产业的发展，主要依托_____、_____、_____、_____四大产业模式。

（3）智能建造人才培养模式主要有_____、_____、_____、_____。通过人才培养为智能建造产业输送大量能用、好用的人才。

2. 简答题

概述智能建造发展的企业模式。

码1-6　习题与思考参考答案

② 智能建造技术与产业体系

2.1 智能建造技术与产业体系概述

教学目标

一、知识目标

1. 熟悉智能建造技术体系的现状及组成；

2. 掌握智能建造技术体系内涵；

3. 了解智能建造产业体系。

二、能力目标

1. 能说出智能建造技术体系的现状及其组成情况；

2. 能准确理解智能建造技术体系内涵；

3. 能主动将智能建造技术知识应用到工作中。

三、素养目标

1. 具有接受新知识的能力，能通过网络有效地获得各种资讯；

2. 能正确表达自己思想，学会理解和分析问题；

3. 养成刻苦钻研、精益求精的工匠精神。

学习任务

本节主要通过学习智能建造技术体系，熟悉智能建造技术体系发展现状和组成情况，掌握智能建造技术体系的核心内涵，了解智能建造产业体系的现状，为后续智能建造六专项的学习打下基础。

建议学时

2 学时

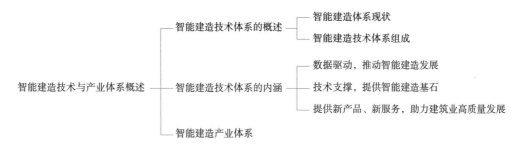

2.1.1　智能建造技术体系的概述

1. 智能建造体系现状

随着智能建造相关产业发展，各试点省市及各试点企业纷纷探索智能建造发展之路，现已形成政府级智能建造体系（图 2-1）和企业级智能建造体系（图 2-2）。政府级智能建造体系是以政策为引导，以新技术、新产品、新服务为方向，从项目、企业、产业三大层面，围绕五大智能建造关键技术领域，指导智能建造技术应用和智能建造实施，促进建筑业高质量发展。企业级智能建造体系更注重实操性，以数据中台为支撑，以"一平台、六专项"为核心，实现建筑企业数字化转型。

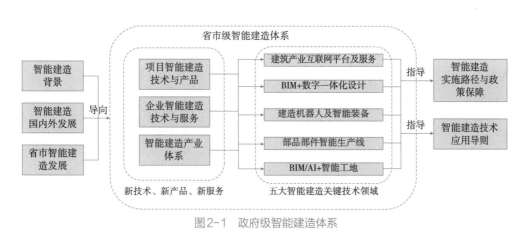

图2-1　政府级智能建造体系

2. 智能建造技术体系组成

从技术角度来说，智能建造是新一代信息技术和工程建造的有机融合，打造以建筑信息模型为核心的智能建造基础设施软件，强化工程物联网应用价值，打造人机共建工业化施工场景，创新数据采集、储存和挖掘等关键共性技术，建立完整的建筑产业互联网大数据体系。

专项一：BIM数字一体化设计	智能建造运管平台（工业互联网平台）	专项四：建筑机器人及智能装备
专项二：部品部件智能生产	以BIM模型数据为基础，构建"一平台、六专项"的应用模式，打造企业级智能建造运管平台，实现智能建造六要素资源最佳配置。	专项五：建筑产业互联网
专项三：智能施工管理		专项六：数字交付与智慧运维

图2-2　企业级智能建造体系

智能建造技术体系是在建筑流程中，通过对数字、信息等新型智能技术应用与集成应用，实现建造流程智能化的关键技术、技巧和方法。智能建造的关键技术包括建筑信息模型（BIM）技术、城市信息模型（CIM）技术、物联网（IoT）技术、机器人（Robot）技术、人工智能（AI）技术、扩展现实（XR）技术、云计算（Cloud Computing）技术、边缘计算（Edge Computing）技术、大数据（Big Data）技术和新一代通导遥技术十大核心技术。不同技术构成了整个智能建造技术体系，彼此相互独立又相互联系。

2.1.2　智能建造技术体系的内涵

智能建造可实时自适应于需求变化的高度集成与协同的建造系统，以数据为驱动实现建筑全过程的转型升级。智能建造核心内涵是以智能技术为支撑，以全生命周期为特征，以全建造要素为内容，以智能化产品与服务为目标，以全产业链为导向（图2-3）。

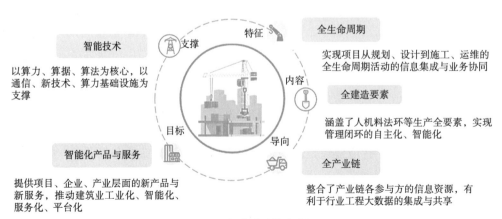

图2-3　智能建造核心内涵

1. 数据驱动，推动智能建造发展

当前，全球迈入以数字技术革命为特征的新时代，数字经济成为全球新一轮科技革命的新机遇，数据成为独立的经济生产要素。数据具有可复制、可共享、可传输、可计算的特征，数据资产成为数字经济时代的关键。数智化的概念如图 2-4 所示。数据驱动的智能建造模式是数字经济时代的必然选择，数据是驱动智能建造发展的核心。建筑业要积极推进"产业数字化 + 数字化产业"双轮驱动，促进行业高质量发展。

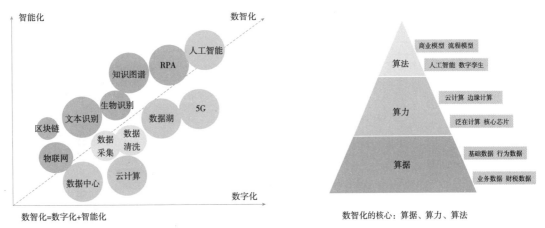

图 2-4　数智化的概念

2. 技术支撑，提供智能建造基石

智能建造是以人工智能与先进建造技术为核心的工程建造全过程融合形成的创新建造模式（图 2-5）。建造技术是本体技术，为主体；智能技术是赋能技术，为主导。赋能技术只有与领域技术深度融合，才能真正发挥作用。建造是基础、智能是方向、融合是关键、价值增值才是最终目标。

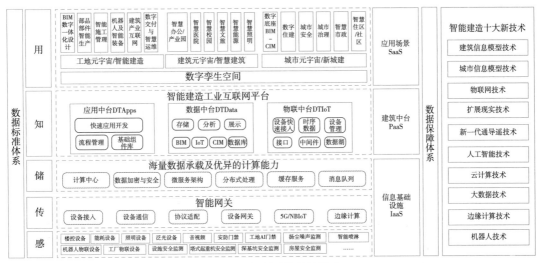

图 2-5　智能建造关键技术

3. 提供新产品、新服务，助力建筑业高质量发展

当前，建筑业急需高质量发展转型、提高生产效率和实现环境可持续发展。数据是数智化的基础，数据能够让传统业务增值，通过与智能技术结合，加速企业数智化转型升级。建筑业数智化转型的核心是组织运用新一代数字与智能技术驱动经营管理、业务流程场景变革与重塑，使用大数据、云计算、物联网、区块链和人工智能等技术赋能组织决策，实现组织部分环节或全流程数智化管理，提高组织运营效率，提升产品、转变模式（图 2-6）。

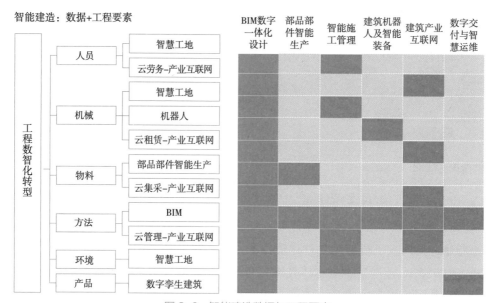

图 2-6　智能建造数据与工程要素

2.1.3　智能建造产业体系

建筑业数字经济由建筑产业数字化和数字产业化两部分组成，形成完整的智能建造产业体系。在国家大力发展"新基建"情况下，我国传统基础建设大范围发展进入转型升级时期，在这个时间节点上发展智能建造产业，既具有技术创新的高度，又具有产业规模的广度，符合当前经济发展和科技发展的趋势，具有非常广阔的发展前景。智能建造产业是传统建筑业与数字经济融合发展的高新技术领域，深耕于传统行业，同时又具备新一代信息技术及智能化技术的高端技术研发，只有将两者结合才能够发展好相关产品及产业。智能建造产业领域的主要创新方式是集成创新，将传统工程基础设施领域的数字化需求，与人工智能、物联网、大数据等新一代信息技术结合，创造出新技术、新产业、新模式。

　　智能建造从应用场景上来说高达上百种，包括数字建造、智慧运维、数字园区、智慧市政、数字绿建等。但从技术的角度来说，智能建造技术可分为三层（图2-7）：第一层是智能硬件技术层，具体技术涉及智能物联装备，涵盖安全、安防、能源等领域；第二层是软件系统技术层，主要是BIM、CIM、AIoT等数据的存储、分析、展现及应用开发支持；第三层是产品＋服务应用层，根据基础设施各阶段的管理需求，定制业务管理系统。这些智能建造技术是建筑数字化产业发展的必要技术支撑。

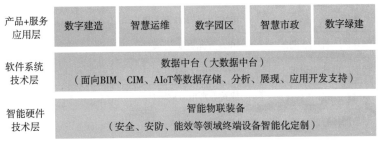

图2-7 智能建造共性技术

　　智能建造产业的业务模式是"产品＋服务"，即以软硬件产品及系统集成服务、数字咨询服务等组合成完整的解决方案，为工程基础设施提供众多数字化服务，包括BIM数字一体化设计、部品部件智能生产、智能施工管理、建筑机器人及智能装备、建筑产业互联网、数字交付与智慧运维六大类产品及服务（图2-8），通过为市场提供丰富的解决方案服务，推动智能建造产业全面发展，从而实现建筑数字产业全面升级。

①BIM数字一体化设计	②部品部件智能生产	③智能施工管理	④建筑机器人及智能装备	⑤建筑产业互联网	⑥数字交付与智慧运维
•BIM自主软件 •BIM全过程咨询服务 •BIM管理平台 •BIM培训	•BIM构件深化设计 •BIM构件管理平台 •建材智能工厂 •智能生产线	•智慧工地软硬件 •智能施工管理软件	•混凝土作业机器人 •墙体作业机器人 •测量机器人 •搬运机器人 •智能升降机	•建筑产业工人平台 •云集采 •云设备	•数字化交付 •智慧能源管理 •智慧运维管理

图2-8 智能建造领域产品及服务

　　以智能建造为核心的城市数字经济是数字经济重要组成部分，是城市建设、运营管理和综合治理领域与数字经济的结合体。智能建造产业逐渐得到各级政府重视，并纳入2023年国家《数字经济统计监测制度（试行）》数字经济统计表中。同时，2023年在苏州召开的全国智能建造试点城市首次会议上，预测了我国智能建造及城市数字经济产业规模（表2-1），智能建造占建筑业比例逐步提升到建筑业产值的5%~10%，2030年智能建造产值达到（2万~3万）亿元，每年新增30万~60万的智能建造复合型科技人才。

智能建造及城市数字经济产业规模预测　　　　表 2-1

城市数字 经济产业	产业组成	数字经济产业规模	产业内容
新基建 / 新 城建	新城建运行管理平台	1000 万元 /100 万人口	智能建造向全生命周期管理和运维服务延伸的产业，包括智慧建筑（产业园、办公、医院、学校、文旅、能源、照明等）、数字住建、CIM 平台、城市安全、城市治理、智慧社区、智慧市政等
	城市综合管理	1000 万元 /100 万人口	
	城市安全管理	3000 万元 /100 万人口	
	智能建造与工业化协同	*（见下面分解表）	
	智能市政设施	1000 万元 /100 万人口	
	智慧住区、社区、园区	3000 万元 /100 万人口	
	智能网联汽车设施	5000 万元 /100 万人口	
智能建造 *	BIM 数字一体化设计	建筑业产值 0.5%~1%	发展数字设计、智能生产、智能施工、智慧运维、建筑机器人、建筑产业互联网等新产业，打造智能建造产业集群
	部品部件智能生产	建筑业产值 1%~2%	
	建筑机器人及智能装备	建筑业产值 5%~6%	
	智能施工管理	建筑业产值 1%~1.5%	
	建筑产业互联网	建筑业产值 1%	
	数字交付与智慧运维	建筑业产值 3%~5%	

 学习小结

　　本节主要学习了目前智能建造体系现状，智能建造技术体系的组成和内涵，智能建筑产业体系，通过学习明确了智能建造技术体系的核心内涵是数据驱动，新一代信息技术作为支撑，以提供新产品、新服务为导向，助力建筑业高质量发展。以智能建造为核心的城市数字经济是数字经济重要组成部分，是城市建设、运营管理和综合治理领域与数字经济的结合体。智能建造产业逐渐得到各级政府重视。

知识拓展

码 2-1　江苏省智能建造的推进行动

习题与思考

1. 填空题

（1）从技术角度来说，智能建造是_____和_____的有机融合，打造以_____为核心的智能建造基础设施软件，强化工程物联网应用价值，打造人机共建工业化施工场景，创新_____、_____和_____等关键共性技术，建立完整的建筑产业互联网大数据体系。

（2）智能建造核心内涵具体包括以_____为支撑，以_____为特征，以_____为内容，以_____为目标，以_____为导向。

2. 简答题

（1）概述智能建造技术体系组成。

（2）目前的智能建造领域产品及服务主要有哪些？

码 2-2　习题与思考参考答案

2.2 智能建造关键技术

教学目标 📖

一、知识目标

1.熟悉智能建造的十大关键技术的内容和发展趋势；

2.掌握十大关键技术的主要特点、优势及应用场景。

二、能力目标

1.能知晓智能建造的十大关键技术及其发展趋势；

2.能结合实际工程举例说明十大关键技术的应用情况；

3.能理解十大关键技术的特点及优势。

三、素养目标

1.具有接受新知识的能力，能通过网络有效地获得各种资讯；

2.能正确表达自己思想，学会理解和分析问题；

3.培养创新精神，能主动将新知识应用到工作岗位中。

学习任务 🖹

本节主要通过智能建造十大关键技术的学习，熟悉十大关键技术的内容、主要特点和发展趋势，掌握十大关键技术的应用场景、主要特点及优势。

建议学时 ✛

8 学时

思维导图

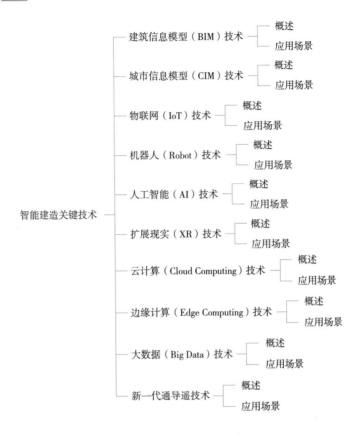

智能建造关键技术
- 建筑信息模型（BIM）技术
  - 概述
  - 应用场景
- 城市信息模型（CIM）技术
  - 概述
  - 应用场景
- 物联网（IoT）技术
  - 概述
  - 应用场景
- 机器人（Robot）技术
  - 概述
  - 应用场景
- 人工智能（AI）技术
  - 概述
  - 应用场景
- 扩展现实（XR）技术
  - 概述
  - 应用场景
- 云计算（Cloud Computing）技术
  - 概述
  - 应用场景
- 边缘计算（Edge Computing）技术
  - 概述
  - 应用场景
- 大数据（Big Data）技术
  - 概述
  - 应用场景
- 新一代通导遥技术
  - 概述
  - 应用场景

2.2.1 建筑信息模型（BIM）技术

1. 概述

（1）概念：建筑信息模型（Building Information Modeling，BIM），是一种应用于工程设计、建造、管理的数据化工具，通过为建筑项目建立三维模型，存储和管理建筑项目的相关信息，实现建筑信息全生命周期管理，协助各方协同工作、共享数据。BIM可通过更高程度的数字化及信息整合的流程，对设计、施工和运维的建筑全产业链进行优化。

（2）BIM应用维度：BIM已经从基本的3D、4D维度发展到更复杂的5D、6D维度，这些维度有望改变AEC（建筑、工程和施工）行业的未来（图2-9）。

1）3D BIM：表示建筑的三维模型，创建概念模型、对象和几何形状，处理建筑元素，并运用计算和参数化设计。

2）4D BIM：加入时间轴管理，该维度涵盖了模型协同、虚拟施工、施工计划、时间线、设备交付和预制等。

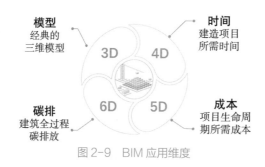

图 2-9　BIM 应用维度

3）5D BIM：加入成本数据，包括详细的成本估算、材料清单提取、制造模型，以及成本比较、物流、假设场景和建筑生命周期成本分析等。

4）6D BIM：加入能源使用和可持续性性能，有助于分析建筑物的能源消耗，确保准确预测能耗需求，并在初始设计阶段估算能源。

（3）发展趋势：BIM 在建筑行业的应用不断发展，已处于注重应用价值深度的阶段，呈现出 BIM 与云计算、大数据等先进信息技术的结合运用，正在向多阶段、集成化、多角度、协同化、普及化应用五大方向发展。

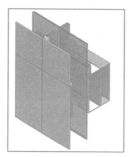
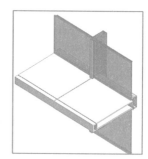

图 2-10　BIM 应用

2. 应用场景

（1）设计和建模：BIM 技术可以在建筑设计过程中创建和编辑三维模型（图 2-10），包括建筑结构、设备、管道等，帮助设计师和工程师更好地理解可视化设计概念，并通过模拟和分析来优化设计。

（2）碰撞检测：BIM 模型可用于进行碰撞检测，即检查不同构件之间的冲突和干涉。通过模拟建筑元素的位置和运动，发现并解决可能发生的问题，避免施工阶段的错误。

（3）工程和施工管理：BIM 模型可用于施工管理中的进度规划、资源分配、施工过程优化，提供准确和实时的信息和数据，以便管理人员做出决策。

（4）3D 可视化和虚拟现实：借助 BIM 模型，可创建逼真的三维可视化效果，使用户能够更好地理解建筑设计和实施方案。通过虚拟现实技术还可模拟体验，提供沉浸式体验。

（5）运维和设施管理：将设施信息整合入 BIM 模型，可用于建筑设施运行和维护的管理，维护人员可以更好地了解设备的位置、规格和维护历史，并在需要时提供准确的维修和维护指导。

（6）可持续设计和能源分析：BIM 可用于可持续设计和能源分析，评估建筑的能源效率，优化能源消耗。通过在设计阶段进行模拟和分析，优化建筑设计，提高建筑的能源效率和环境友好性。

2.2.2 城市信息模型（CIM）技术

1. 概述

（1）概念：城市信息模型（City Information Modeling，CIM），通过 BIM、GIS、大数据、云计算、物联网、智能化等数字技术应用，建立数字孪生城市，通过模拟仿真和可视化展示来实现规划管控、多方协同和动态优化，实现城市从规划、建设到管理的全过程、全要素、全方位的数字化和智能化（图 2-11）。

图 2-11 城市信息模型平台

（2）发展趋势：在数据采集方面，倾斜摄影、物联网等新兴技术已经成为获取城市信息的新途径；在数据集成方面，BIM 与 GIS 的集成是 CIM 应用广泛的建模方法；对于数据可视化，结合 VR/AR 和 CIM 的方法是主要方向。

2. 应用场景

（1）城市规划和设计：CIM 可用于城市规划和设计过程中的空间分析、土地利用规划、建筑可行性评估等，通过在模型中整合地形、建筑、基础设施等数据，提供更全面、准确的信息，帮助决策者制定更合理的城市规划方案。

（2）城市资源管理：CIM 可用于城市基础设施和资源的管理和优化（图 2-12），通过整合和分析能源消耗、水资源、废物处理等数据，可实现对城市资源的实时监测、预测和管理，提高资源利用效率，降低对环境的影响。

图2-12 CIM应用

（3）公共安全和应急管理：通过集成和分析视频监控、警报系统、传感器数据等安全相关数据，CIM可提供实时的安全监控、事件预警和应急响应，帮助城市管理部门更好地管理和应对各种安全风险。

（4）智慧交通：CIM可用于优化城市交通系统，包括实时交通监控、路况预测、智能交通信号控制等。通过分析交通数据和模拟交通流量，CIM可提供交通优化策略，缓解交通拥堵，提高交通效率。

（5）智慧环境和可持续发展：CIM通过集成环境传感器数据、气候数据、能源消耗数据等，实现对城市环境质量的监控和分析，提供环境改善策略和能源效率优化方案。

2.2.3　物联网（IoT）技术

1. 概述

（1）概念：IoT的全称为物联网（Internet of Things），是指通过互联网连接和通信技术，将各种物理设备、传感器通过无线或有线通信网络实现数据交换和交互操作的网络系统。

（2）发展趋势：

1）边缘计算深化：物联网设备产生的数据量巨大，传输到云端进行处理和分析会受到延迟和带宽压力的限制。边缘计算可将计算和数据处理功能放置在接近物联网设备的边缘，减少对云服务器的依赖，提高数据处理的实时性和效率。

2）人工智能和机器学习深化：物联网设备通过收集和分析大量的数据，为人工智能和机器学习提供丰富的信息。同时，物联网和人工智能的结合将产生更智能化的应用，例如智能家居、智能工厂和智慧城市等。

3）数据传输深化：物联网设备需要稳定、高速、低延迟的连接，而5G技术具备这些特点。5G网络的推广将大大加快物联网的发展，支持更多设备的连接和更高效的数据传输。

4）安全和隐私深化：区块链技术可以提供分布式的、不可篡改的记录和验证机制，为物联网设备之间的安全通信和数据交换提供信任和可靠性。通过区块链技术加强设备认证、数据加密和隐私保护，以防止潜在的数据泄露和黑客攻击。

5）虚拟现实交互深化：物联网可以与AR/VR技术相结合，在虚拟现实环境中使用物联网设备进行远程操作和体验，或者在增强现实应用中将虚拟信息叠加到物理世界中，创造出沉浸式、交互性强的体验。

2. 应用场景

1）智慧建筑物联网：通过对建筑设施设备中传统仪器仪表进行升级改造，安装具有现场感知、远程传输、智能控制等能力的联网化、智能化物联网设备，通过计算机信息处理与控制系统对多源数据进行处理和智能分析，实现建筑的设施设备管理、综合安防管理、能源节能管控、应急报警管理、设备维修维护等多种应用场景（图2-13）。

2）智慧工地物联网：通过物联网传感器实时获取建筑工地现场的各项数据，包括扬尘、噪声、烟雾、温度、湿度、风速、用水量、用电量等，实现项目全周期数据的采集、分析和辅助决策，实现节约资源、提升效率、规范管理和保障工人权益。主要应用场景包括人员、车辆、设备、环境、材料等的管理，以及高大模板变形监测、塔式起重机运行监控、大体积混凝土无线测温等安全和质量管理（图2-14）。

3）市政设施物联网：在市政基础设施全面网络化和数字化基础上，实现可感知、可测量、可分析、可控制和可视化的智慧市政设施物联网应用。主要应用场景包括市政井盖管理、城市防涝、地下管廊、桥隧管理、市政资产管理、广告牌管理等。通过城市道路、桥梁、路灯、下水道、地下管网等市政公共设施物联网运用，实时采集各类市政基础设施数据，进行综合分析、辅助决策和安全预警。

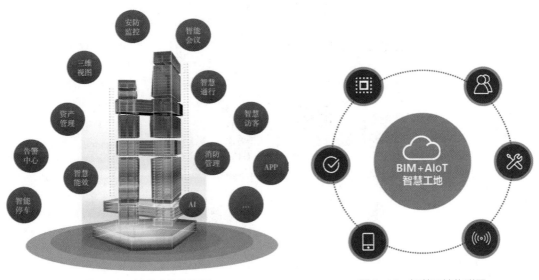

图2-13　智慧建筑物联网　　　　　　　　图2-14　智慧工地物联网

2.2.4　机器人（Robot）技术

1. 概述

（1）概念：机器人（Robot）是指包括一切模拟人类行为或思想与其他生物的机械。建筑机器人具体指用于建筑工程建造领域中的工业机器人（图2-15）。随着人口老龄化加剧且年轻人从事建筑业工作的意愿下降，建筑机器人在各类基建项目中的作用也逐渐显现。建筑机器人能在砌砖、搬运材料等高危施工活动中代替人力，减少建筑工人长时间站立或弯腰而导致的健康损伤风险和项目上的人工沉没成本。此外，建筑机器人的投入使用使得建筑工人在时间分配上能够更加灵活，进而提高整个建筑项目的生产力。

（2）发展趋势：

1）人工智能拓展：机器人与人工智能的结合是机器人技术的关键驱动力。通过深度学习、机器学习和自然语言处理等人工智能技术，机器人具备感知、分析和决策的能力，实现更复杂的任务。

2）协作机器人：传统机器人往往在固定的工作环境中独立工作，而现在越来越多的研究和开发关注于协作机器人。协作机器人可以与人类共同工作，共享空间、任务和资源，在生产线、医疗、服务等领域发挥更大的作用。

3）自主导航和定位发展：自主导航和定位技术使机器人能够自主感知和理解环境，实现室内和室外的自主移动。目前，激光雷达、视觉识别、SLAM（即时定位与地图构建）等技术已经广泛应用于机器人导航和定位。

图2-15　建筑机器人产品系列

4）云端连接发展：机器人可通过云端连接实现远程监控、数据共享和协同控制。云端连接使得机器人能实时获取和处理大量的数据，并与其他机器人或系统进行实时通信，提高机器人的智能和响应能力。

5）人机交互发展：人机交互技术使得人类能够更自然、便捷地与机器人进行交互。语音识别和自然语言处理、视觉识别和姿态识别、虚拟现实和增强现实等技术的发展，让人机交互更加自然、智能化和融入人类生活。

2. 应用场景

1）建筑施工：机器人可以用于建筑物的施工任务，例如自动化砌砖机器人、3D打印机器人、自动化混凝土浇筑机器人、正平机器人、抹平机器人、抹光机器人等（图2-16）。它们能够实现高效、准确和精细施工。

四轮激光正平机器人，用于地下室底板、顶板、地坪混凝土浇筑阶段，平整度误差小于 ±2mm，比传统人工提高30% 效率。

履带式抹平机器人，用于地下室、地坪混凝土阶段抹灰作业，比传统人工提高 20% 以上效率。

四盘式抹光机器人，主要用于混凝土地坪收光作业，地坪光滑度远超人工，比传统人工提高 50% 效率。

图2-16　建筑机器人应用

2）结构检测和维护：机器人可实现建筑结构的检测和维护任务。无人机可以用于检测建筑物外墙的破损、裂缝或漏水问题；机器人臂可用于高空或难以到达位置的检测和维护工作。

3）建筑物清洁：机器人可用于建筑物的清洁任务。自动洗窗机器人和地面清洁机器人能够代替人力进行高空清洁和地面清洁，提高安全性和效率。

4）建筑物安全：机器人可用于建筑物的安全监控和管理。安保机器人可以巡逻建筑物，并进行图像和视频监控，帮助确保建筑物的安全。

5）建筑材料运输和物流：机器人可以用于建筑材料的运输和物流任务。自动化小车可以在建筑工地上运输和搬运材料，减轻人力劳动并提高效率。

2.2.5 人工智能（AI）技术

1. 概述

（1）概念：人工智能（Artificial Intelligence，AI），通过计算机模拟人的思维过程和智能行为，从而使得计算机实现更高层次的应用，具备数据挖掘、机器学习、认知与知识工程、智能计算等应用能力。我国已印发并实施了《新一代人工智能发展规划》《机器人产业发展规划（2016–2020年）》，正在研究制定我国机器人产业面向2035年发展规划。人工智能细分技术见表2-2。

人工智能细分技术 表2-2

细分技术	装备产品	适用范围
智能机器人	建筑机器人	自动焊接、搬运建材、捆绑钢筋、装饰喷涂、机器人监理、磨具精密切开等
	清洗机器人	空调风机盘管清洗、高层建筑外墙清洗等
	巡检机器人	市政设施巡检、地下管廊巡检、建筑设施设备巡检、城市交通轨道巡检等
	移动设备/UAV	道路清洗、货物搬运、室内配送等
便携式智能终端	智能穿戴设备	智能头盔（远程监控＋现场巡检）、增强现实眼镜（沉降式3D安装）等
	手持智能终端设备	施工现场人员管理、现场数据实时采集等
智慧家居	看护类	智能管家机器人、老幼看护机器人、智能视频/语言终端等
	清洁类	家庭扫地机器人、厨房机器人等
机器人流程自动化（RPA）	—	项目多方协同管理、电子商务采购等
数据挖掘与机器学习	—	建筑规划设计辅助支持、施工现场远程实时监控、道路桥隧安全识别分析等

（2）发展趋势：人工智能技术在各个领域都有广泛的应用，包括住房城乡建设领域。以下是人工智能技术在该领域的一些应用和潜在研究方向。

1）建筑设计和规划：人工智能可用于建筑设计和规划中的自动化和优化。通过机器学习和生成对抗网络（GAN），可生成创新的建筑设计方案，优化建筑的能源效率和可持续性。

2）建筑安全和监控：人工智能可用于建筑安全和监控系统，通过图像识别和视频分析技术，实时监测建筑物内外的安全情况，检测异常行为，并及时采取相应措施（图2-17）。

3）建筑质量检测和维护：通过图像处理和机器学习算法，人工智能不仅能对建筑物进行自动化的质量检测，检测裂缝、漏水等问题，提供及时的维护建议，还可通过大数据分析和预测模型，预测建筑物的维护需求和寿命。

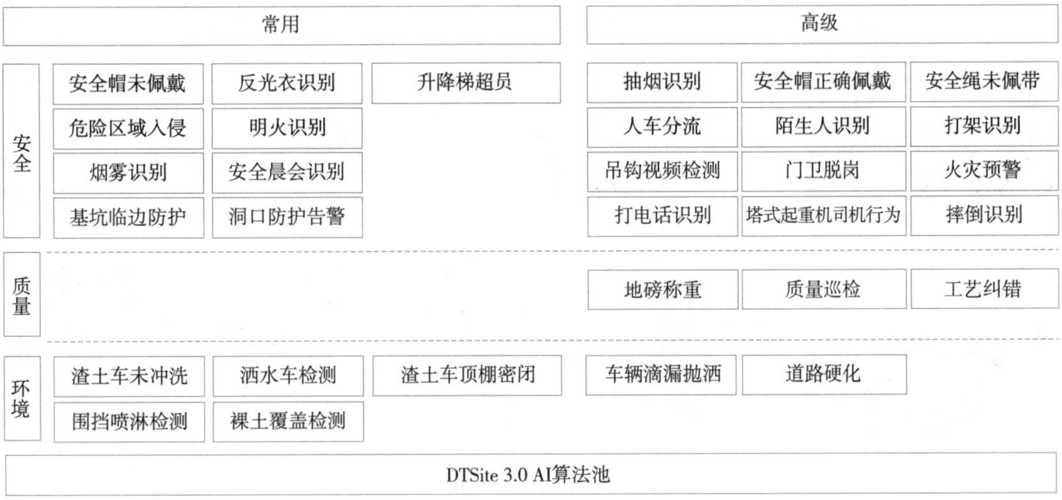

常用			高级		
安全	安全帽未佩戴	反光衣识别	升降梯超员	抽烟识别	安全帽正确佩戴	安全绳未佩带
	危险区域入侵	明火识别		人车分流	陌生人识别	打架识别
	烟雾识别	安全晨会识别		吊钩视频检测	门卫脱岗	火灾预警
	基坑临边防护	洞口防护告警		打电话识别	塔式起重机司机行为	摔倒识别
质量				地磅称重	质量巡检	工艺纠错
环境	渣土车未冲洗	洒水车检测	渣土车顶棚密闭	车辆滴漏抛洒	道路硬化	
	围挡喷淋检测	裸土覆盖检测				

DTSite 3.0 AI算法池

图2-17 人工智能技术在工地的应用

2. 应用场景

1）设计和建模：利用 AI 可提升建筑物参数化设计效能，优化设计效果，并通过分析大量的设计数据和先例，给设计师提供有关建筑风格、材料选择和构造优化方面的建议。

2）项目管理：AI 可根据实时的项目管理数据和监控，分析项目进度和资源分配，帮助优化施工序列、减少人力和材料浪费，提前预测和解决潜在的问题。

3）室内布局和空间规划：通过分析用户需求和行为模式，AI 可推荐最佳的室内布局、家具摆放和空间利用方式，有助于提高空间的利用效率、功能性和舒适性。

4）智能维护和管理：利用传感器和数据分析，AI 可实时监测建筑设备的性能和健康状况，提前预测可能的故障，提供维护建议。AI 可优化能源管理，提高建筑设施的能效性能。

5）安全监控和预警：通过图像识别和视频分析，AI 可实时监测安全情况，识别异常行为和潜在威胁，及时发出警报，提高建筑物的安全性和风险控制能力（图 2-18）。

6）智能建筑体验：利用语音助手和人机交互技术，用户可以通过 AI 语音指令控制建筑设备，获取实时信息和导航服务，能够提升建筑的智能化水平和用户体验。

2.2.6　扩展现实（XR）技术

1. 概述

（1）概念：扩展现实（XR），将 XR 中的"X"理解成一个变量，XR 就是虚拟现实（Virtual Reality，VR）、增强现实（Augmented Reality，AR）、混合现实（Mixed Reality，

实名制考勤	区域入侵识别	安全帽识别	升降机数人
裸土覆盖	封闭运输	渣土车冲洗	进度监管

图2-18　AI技术应用

MR）三者的集合，是由计算机图形和可穿戴设备生成的所有真实和虚拟环境。VR、AR、MR 及 XR 的关系如图 2-19 所示。

（2）发展趋势：

1）硬件技术的进步：随着技术不断进步，XR 设备如头戴式显示器、智能眼镜等将更加轻便、舒适、易用，并且在分辨率、视野、传感器和跟踪技术方面将变得更加先进，这将提供更真实、沉浸式的 XR 体验。

2）交互方式的创新：创新的交互方式是 XR 发展的重要方向。除传统的手势和控制器交互，未来可能引入更多的自然交互方式，如眼动追踪、语音识别、触觉反馈等，增强用户与虚拟环境的互动体验。

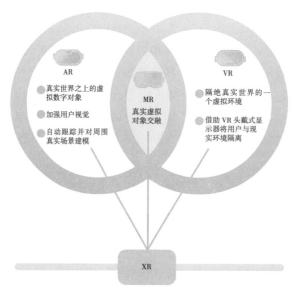

图2-19　VR、AR、MR 及 XR 的关系

3）云服务和联网能力深化：云计算和网络技术对 XR 的发展具有重要意义。借助云服务，XR 内容和应用能够以更高的质量和效能进行处理和交付。同时，XR 设备的联网能力将支持云端计算和数据交互，为用户提供跨设备、跨平台的 XR 体验。

2. 应用场景

1）设计方案优化：利用虚拟现实和增强现实等技术，构造周围环境、建筑结构构件及所需机械设备等虚拟施工环境，支持模型虚拟装配，根据装配结果优化设计方案提前发现问题、减少不合理设计。

2）建筑施工培训：将 BIM 和 VR 结合（图 2-20），可辅助空调风道、水管和电气管道等管线布设，让建筑工人能够更快理解施工注意事项，减少安装失误，提高任务执行效率。

3）建筑维修维护：通过 AR 可对设计图和建造效果进行可视化，通过实际情况与 BIM 数据的对比分析，进行问题的精准定位，辅助建筑维修和检查。

4）建筑翻修更新：通过 BIM 数据和 AR 智能穿戴设备，容易看到管道位置、结构构件等隐藏的基础设施布置，对重新设计内容进行可视化，可尽早发现问题，以帮助项目翻修更新。

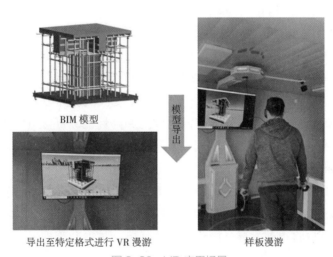

图 2-20　VR 应用场景

2.2.7　云计算（Cloud Computing）技术

1. 概述

（1）概念：云计算（Cloud Computing）是分布式计算的一种，是通过网络"云"将巨大的数据计算处理程序分解成无数个小程序，再通过多部服务器组成的系统处理和分析并返回给用户，可在短时间内完成数以万计的数据处理，从而实现强大的网络服务（图 2-21）。

图2-21 建筑云计算技术

（2）发展趋势：

1）多云和混合云发展：随着云计算的应用增加，多云和混合云成为发展趋势。多云是指利用多个云服务提供商的平台和服务，以满足不同工作负载的需求。混合云是将公有云和私有云结合起来，以实现数据和应用的灵活性和可控性。多云和混合云提供了更大的灵活性、可扩展性和数据管理的选择。

2）结合边缘计算发展：边缘计算是指将计算和存储资源推向离用户和设备更近的边缘位置，以减少延迟和提高响应速度。边缘计算与云计算相结合，可以实现更快速的数据收集、分析和决策，在物联网、智能城市、工业自动化等领域具有巨大的应用潜力。

3）结合人工智能（AI）和机器学习（ML）发展：云计算与人工智能和机器学习的结合将成为重要的发展趋势。云计算资源的弹性和高性能，可支持大规模的数据处理和模型训练，加速 AI 和 ML 的开发和应用。云平台也提供了丰富的 AI 和 ML 服务，开发者能更轻松地构建和部署 AI 应用。

4）服务化和自动化深化：云服务提供商将继续提供更多的平台及服务（PaaS）和软件及服务（SaaS）解决方案，为开发者和用户提供更便捷的服务。同时，依托云计算，自动化工具和技术也将得到发展，简化和加速部署、扩展和管理云资源，提高效率和降低管理成本。

2. 应用场景

1）数字信息基础设施建设：以云计算技术为核心，建设住房和城乡建设领域信息基础设施，包括建筑领域大数据云服务平台，构建各类专有云服务，实现建筑行业大数据的获取汇集、整理处理和云服务，满足用户对建筑数据的综合应用需求。

2）建筑规划设计云服务：综合利用云服务的计算存储和服务资源虚拟化，实现建筑规划设计海量数据的分布式存储管理、分析挖掘，为规划设计提供领域知识和辅助决策，支持规划交互沟通与协同设计。

3）建筑工程应用云服务：实现从建设到运维的建筑全生命周期数据管理，为建筑行业提供数据服务，支持工程质量在线监控、施工进度模拟、施工平面图应用、建筑工程造价咨询等云服务。

4）装配式建筑云服务：支持装配式建筑数据和应用的云服务，为各阶段和参与方提供统一的交付和流转描述平台，支持设计人员、工厂生产、装配人员进行需求确认、质量检验、运输分析和拼接安装等。

5）建筑企业数字化转型云服务：通过公有云、混合云、私有云等手段，为建筑企业提供云基础设施服务；在建筑大数据资源基础上，通过建筑企业上云，提供"云 + 端"一体的建筑施工全过程监管、分布式环境下的建筑项目云协同办公等服务。

6）城市运行管理云服务：其主要包括智慧城市云服务平台、智慧社区云服务平台、智慧园区云服务平台、智慧工地云服务平台等典型场景下的云服务应用。

2.2.8　边缘计算（Edge Computing）技术

1. 概述

（1）概念：边缘计算（Edge Computing）是一种分散式运算的架构，将应用程序、数据资料与服务的运算，由网络中心节点，移至网络逻辑上的边缘节点（图 2-22）。边缘计算将原本完全由中心节点处理的大型服务加以分解，切割成更小与更容易管理的部分，分散到边缘节点处理。边缘节点更接近于用户终端装置，可加快资料的处理与传送速度，减少延迟。在这种架构下，资料的分析与知识的产生，更接近于数据资料的来源，因此，更适合处理大数据。

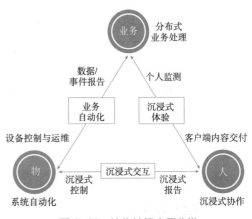

图 2-22　边缘计算应用分类

（2）发展趋势：

1）硬件设备的发展：随着技术不断进步，边缘设备的计算能力和存储容量不断提升，同时体积更小、功耗更低。边缘设备将具备更强大的处理和分析能力，能够直接处理数据，减少对云端的依赖，并提供更快速的实时响应。

2）5G 网络的普及发展：5G 网络的广泛应用将推动边缘计算的发展。5G 提供了更高的带宽、更低的延迟和更可靠的连接，使得边缘设备可以实时传输和处理大量的数据。同时，5G 也提供了更强大的网络容量，可以支持更多连接的边缘设备。

3）智能化和自动化发展：随着人工智能和机器学习的应用，边缘设备将具备更智能化和自动化的能力。边缘设备可进行实时的数据处理和分析，根据模式识别、机器学习算法进行智能决策和控制，从而提供更智能和自适应的服务。

4）边缘计算与云计算的协同推进：边缘计算和云计算将形成一种协同关系，边缘设备可进行本地计算和存储，减少对云端的请求和传输，提高系统的效率和响应速度。同时，边缘计算也将数据和任务传输到云端进行更复杂的处理和分析，以获得更全面的洞察和智能决策。

2. 应用场景

1）建筑设备智能控制：针对现有建筑设备感知系统存在的设备感知实时性不足、通信宽度要求高、节点自主性不够等问题，基于边缘计算的建筑设备智能控制系统可实现建筑暖通空调、给水排水等设施设备数据高频次实时收集、实时处理和智能控制。

2）桥隧健康状态监测：基于边缘计算的桥隧健康状态监测系统可有效解决现有桥隧健康状态监测系统联网感知设备不够、感知实时性不足、组网监测成本高等问题。

3）市政基础设施监控：边缘计算技术有助于实时采集处理与智能分析城市道路灯杆多源数据，实现城市道路路灯、桥隧照明、城市交通枢纽设施的智能控制。

4）综合管廊智能控制：采集处理综合管廊视频监控、环境与设备监控等数据，实现环境监测、安全防范、设备管理、消防和通信管理等的统一自动监控和智能运维。

5）城市轨道交通实时监控：重点采集城市轨道交通线路实时视频监控、周界监控、环境监测等多源数据，并对数据进行实时综合处理与报警告警。

6）智慧工地现场感知控制：通过实时采集工地现场视频监控数据、环境监测数据等多源数据，并基于业务规则的远程控制，实现现场安全、违法违章行为实时动态监控。

7）城市污水处理生态监测：传统城市污水的数据采集方式存在较多问题，通过边缘计算对监控现场等多源数据处理和分析，可降低成本、提升数据时效性。城市污水智能监控如图 2-23 所示。

图 2-23　城市污水智能监控

2.2.9　大数据（Big Data）技术

1. 概述

（1）概念

大数据（Big Data）是指无法在一定时间用常规软件工具对其内容进行抓取、管理和处理的数据集合。大数据技术具备从各类数据中快速提取有价值信息的能力（表 2-3）。

大数据处理与关键技术　　　　　　　　　　　　　　表 2-3

处理	传统技术	大数据挑战	大数据技术
数据存储	数据文件、关系数据库	文件大需跨服务器存储、海量小文件处理效率低、分布式数据库、数据类型多样性	新文件管理系统、NoSQL（非关系型）数据库管理系统
数据索引	索引	索引建立和更新需花费大量时间、批量更新索引效率较低	增量式索引更新器
数据分析	统计、分析、聚类分析、决策树	批量处理模式、大规模数据增量计算、流处理模式、实时统计系统和在线监控	并行计算

（2）发展趋势

1）增强的数据分析和智能化发展：通过应用机器学习和深度学习算法，大数据技术可以帮助发现数据中的模式、趋势和关联，从而提供更准确和有洞察力的分析结果。

2）边缘计算和边缘分析发展：随着物联网和边缘计算的兴起，大数据技术将分析和处理功能推到边缘设备上，以缩短数据传输和响应时间，提高实时性和效率。

3）云原生和容器化发展：云原生架构和容器化技术可提供更高的弹性、可扩展性和灵活性，使大数据应用更方便地部署和管理。

2. 应用场景

1）城市规划设计大数据应用：实现城市自然环境数据、经济社会数据、人类活动数据等多学科领域数据的整合处理与分析应用，支持大规模数据下的规划效果模拟和预测。

2）建筑施工大数据管理应用：实现建筑工程全生命周期数据管理，以任意关注对象为中心对散乱杂数据进行有序组织，为数据挖掘分析提供基础。

3）绿色建筑运维管理大数据：实现水、电、气、热等能耗大数据管理与节能分析；实现设施设备维修、维护大数据管理与辅助维修；实现超高层建筑大数据管理与形变等特征规律分析。

4）建筑行业大数据辅助决策：利用大数据构建城市规划设计、建筑施工管理、建筑运维管理等大规模、有序化开放式的知识体系，为各领域应用提供辅助决策支持（图 2-24）。

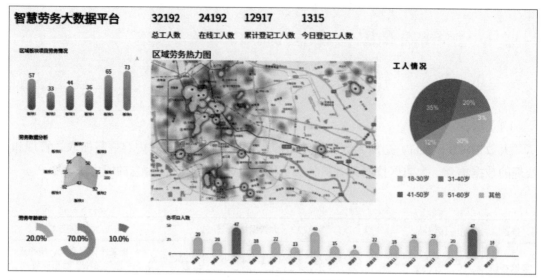

图 2-24　智慧劳务大数据平台

2.2.10　新一代通导遥技术

1. 概述

（1）通信技术

1）5G 通信技术

5G 通信技术全称为第五代移动通信技术（5th Generation Mobile Communication Technology，5G），是具有高速率、低时延和大连接特点的新一代宽带移动通信技术（图 2-25）。5G 通信设施是实现人机物互联的网络基础设施。

我国 5G 无线空口技术（RIT）方案基于 3GPP 新空口（NR）和窄带物联网（NB-IoT）技术。其中 NR 重点满足增强型移动宽带（eMBB）、低时延高可靠（URLLC）两个场景的技术需求，NB-IoT 满足大规模机器连接（mMTC）场景技术需求。其核心业务场景如下：

①智慧＋城市／小镇／社区／园区／家居等：利用 5G 高速率、低时延、大连接的特性，结合信息通信技术感测、分析、整合城市运行核心系统的各项关键信息，对民生、环保、公共安全、城市服务、工商业活动的各种需求做出智能响应，将智能工厂、智慧出行、智慧医疗、智慧家居、智慧金融等多种应用场景融合。

②智慧工地：通过 5G 网络对工程机械设备进行远程操控，切实解决工程机械领域人员安全难以保障、企业成本居高不下的难题；通过 5G 视频监控实现施工现场的安全管控。

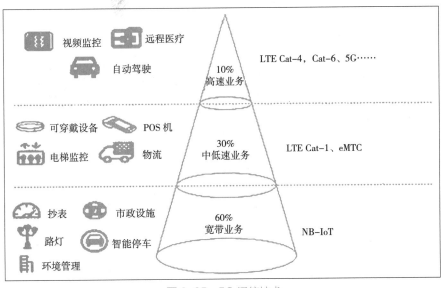

图 2-25 5G 通信技术

③智慧建筑：通过水、电、气、热等 NB-IoT 无线智能计量表具，实现建筑能耗精准计量分析；通过现场无线智能控制设备，实现建筑暖通空调、给水排水等远程监控和集成管控等。

④装配式建筑：凭借 5G 的速度、可靠性和容量的优势，有效提升现有监控视频的传输速度和反馈处理速度，可实现装配过程现场的远程视频监控和辅助支持。

2）6G 天地一体化信息网络技术

6G 通信技术全称为第六代移动通信技术（6th Generation Mobile Communication Technology，6G），是在 5G 基础上，进一步拓展到支撑智能体的高效互联，通过天基网络与地面网络的融合建设天地一体化信息网络，实现地球近地空间陆、海、空、天各类用户与应用系统之间信息的高效传输与共享应用（图 2-26）。具有高、远和广域覆盖的突出特点，对于实现海上、空中以及地面系统难以覆盖的边远地区通信有明显优势。

（2）导航定位技术

1）北斗卫星导航系统（BDS/GPS）

北斗卫星导航系统由空间段、地面段和用户段三部分组成，可在全球范围内全天候、全天时为各类用户提供高精度、高可靠定位、导航、授时服务（图 2-27），定位精度 10m，测速精度 0.2m/s，授时精度 10ns。它可应用于建筑行业、车辆监控和调度、城市管理、环境监测等领域，实现定位、监测和指挥调度等功能。

2）高精度室内定位技术（Wi-Fi/RFID）

室内定位系统能实现对人员或物资定位，提供 2D/3D 实时位置显示、轨迹跟踪与回放、电子围栏、寻呼报警行为分析、视频联动、智能巡检、电子点名与智能考勤等功能，支持室内导航、物业管理、安全监控、人员管理、地下管廊巡检、室内外导航一体化等

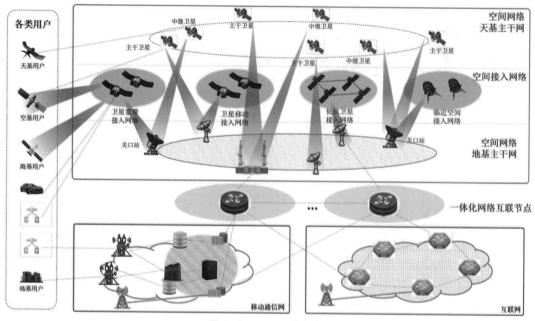

图 2-26　6G 通信技术

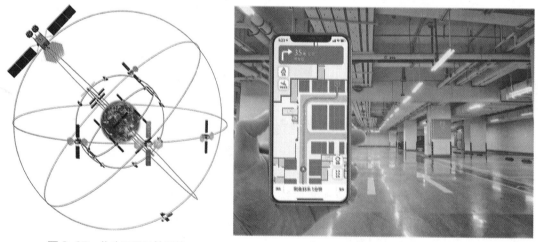

图 2-27　北斗卫星导航系统　　　　　　　图 2-28　高精度室内定位技术

应用（图 2-28）。结合 BIM 技术可实现精准实景实时导航、实时精准人流管控、公共设施导航定位等应用。

（3）遥感技术

遥感技术（Remote Sensing，RS），是指从高空或外层空间接收来自地球表层各类地物的电磁波信息，并通过对这些信息进行扫描、摄影、传输和处理，从而进行远距离控测和识别的现代综合技术。遥感大数据具备多传感、多分辨、多时相、多要素"四多"的特点，实现大范围区域中桥梁设施等目标要素全自动提取。遥感技术已在城市建设、建筑用地、绿色、道路、居住密度、建筑密度、城市地质、水质、热污染、生态环境、古建筑等现状调查和研究中得到应用。遥感技术应用场景见表 2-4。

遥感技术应用场景   表 2-4

高分辨率光学影像	实现城市市政基础设施提取，变化监测、城市绿地提取等高分辨率的光学影像监测应用
卫星干涉雷达影像	实现城市地形和建筑沉降、城市轨道交通基础设施状态的高精度观测（用于沉降观测已达到毫米级精度）
卫星立体遥感影像和激光雷达	城市建筑高度测量和城市建模（城市建筑高度测量已达到米级精度）
航空倾斜摄影和激光雷达	城市建筑高度测量和城市建模（城市建模已达厘米级精度）
航空航天红外遥感	实现城市植物种类、建筑材质的分类（航空热红外遥感用于建筑顶部和外墙热耗散测量已达摄氏度级精度）
卫星夜光遥感	实现城市扩展边界的识别

2. 应用场景

1）建筑设计和规划：通导遥一体化技术可提供高分辨率的建筑物影像和地形数据，用于建筑设计和规划。设计师和规划者可利用遥感数据来获取准确的地貌信息，了解地形起伏、土壤类型等，以便在设计和规划过程中做出更好的决策。

2）建筑物监测和维护：通过定期获取建筑物的遥感数据，可以检测到建筑物的变形、裂缝等问题，并及时采取维修措施。此外，还可以使用热红外遥感技术来检测建筑物的能量效率和热障问题，以提供更有效的能源管理和节能措施。

3）工地监控和安全管理：通导遥一体化技术可用于工地的实时监控和安全管理（图 2-29）。通过无人机或其他遥感设备获取工地的实时影像，对工地进行监测，确保

图 2-29 无人机技术应用于工地监控

工地的安全。同时，也可利用遥感数据来识别潜在的危险区域和安全风险，提前采取预防措施。

4）建筑物环境影响评估：通导遥一体化技术可通过获取建筑物周围的地理和环境数据，评估建筑物对生态系统、景观和人类环境的影响，支持决策。

5）建筑物历史保护和文化遗产管理：通过通导遥一体化技术获取建筑物的高分辨率遥感影像和三维模型，记录和保护建筑物的历史信息和文化遗产，为历史保护和文化遗产管理提供支持。

学习小结

本节主要学习了智能建造十大关键技术的技术内容、发展趋势和主要应用场景，通过本节的学习可以对智能建造技术有全面的了解。

知识拓展

码 2-3　智能建造技术运用拓展

习题与思考

1. 填空题

（1）BIM 的全称为_____，是一种应用于_____、_____、_____数据化工具，通过为建筑项目建立三维模型，并在建筑项目的全生命周期内准确管理建筑信息，协助各方_____、_____。

（2）写出下列英文缩写所代表的技术全称

BIM：_____　　MR：_____

CIM：_____　　VR：_____

AR：_____　　XR：_____

AI：_____　　RS：_____

2. 简答题

（1）BIM 有哪些维度且分别具有什么特征？

（2）虚拟现实、增强现实、混合现实和扩展现实分别具有什么样的技术特征？彼此之间又有什么区别？

3. 讨论题

生活中你见过智能建造关键技术的应用场景吗？请介绍一下你的感受吗？

码 2-4　习题与思考参考答案

2.3　智能建造数据集成技术

教学目标

一、知识目标

1. 了解智能建造数据集成技术；

2. 了解智能建造数据集成关键技术；

3. 掌握智能建造数据集成技术应用平台。

二、能力目标

1. 能知晓智能建造数据集成知识及关键技术；

2. 能熟练操作智能建造运管平台；

3. 能准确表述智能建造运管平台在工程项目管理中的应用场景。

三、素养目标

1. 具有接受新知识的能力，能通过网络有效地获得各种资讯；

2. 能正确表达自己思想，学会理解和分析问题；

3. 能主动将新知识应用到工作中，培养团队协作精神。

学习任务

本节主要学习智能建造数据集成技术的应用价值及关键技术——数据中台，了解智能建造数据集成技术知识及关键技术，掌握智能建造运管平台的基本架构和主要功能模块，并学会熟练操作智能建造运管平台，辅助工程项目管理。

建议学时

4 学时

思维导图

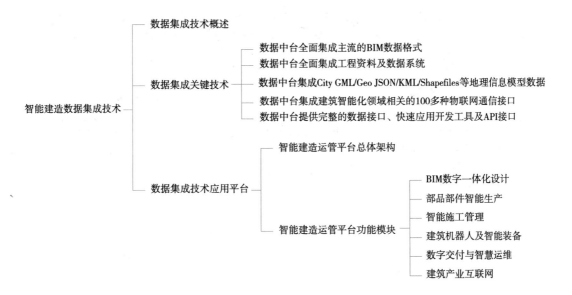

2.3.1 数据集成技术概述

目前，建筑数据集成技术主要解决以下四个方面的难点和问题。

（1）工程建设多方责任主体管理模式导致数据割裂。工程建设模式管理痛点，采用五方主体责任制，导致参与方信息割裂，各个阶段之间、各参与方之间都有一定的信息丢失和信息传递的延误。行业内亟需面向工程总体数据集成的数据中台，各参与方能在数据中台内搭建各自的应用，开展项目协同管理工作，实现数据集中共享化（图2-30）。

（2）业务流程复杂导致数据协同困难。项目数据非结构化、数量大、流程多、管理难度大，且包含 CAD、BIM、3D 模型、图片、文档、数据库等多种数据格式，导致信息数据难以结构化表达（图2-31）。

（3）建筑领域细分专业多，各专业团队采用不同的设计和分析软件，可能导致数据

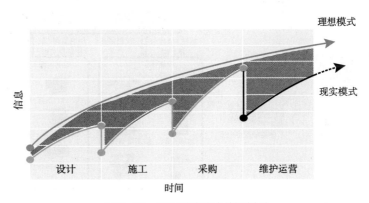

图 2-30　工程模式造成数据割裂

业主方数据

- 涉及数据种类繁多：业主方要汇集所有项目参与方数据
- 报审政府部门涉及13个部门44项内容
- 交互设计、施工、监理、顾问及咨询合计几十家单位
- 立项资料、会议纪要、往来邮件、方案图纸、设计变更、招标图纸、审图图纸、施工图纸、签证单、核定单、施工过程资料等上百种类型资料
- 过程数据的管理更加具有挑战性

设计方数据

- 涉及专业建筑、结构、机电、景观、装饰、市政6个专业大项，18个专业子项
- 14个地块涉及的十家设计院上百个设计师，上万份图纸、上千份设计变更

涉及多家设计院，数个版本的图纸管理

协同 共享 交互

顾问及咨询单位数据

顾问、咨询单位涉及数据包括规划、勘察、评估、招标、造价、项目建议书、可研、环评、商业、项目申请报告、资金申请报告等数十份报告类资料

施工方数据

- 涉及建筑、装饰、安装、市政、园林工程五大类
- 涉及开工前资料、质量验收、试验材料、合格证、过程资料、必要应补资料、竣工资料、质量监督存档资料等上万份资料
- 参与人员众多：涉及防水、保温、门窗、电梯、园林、基础等40多家分包商
- 供应商：少则几十家，多则上百家

监理方数据

- 涉及工程建设前期资料、投资控制资料、监理相关资料、施工管理审批资料、检验和原材料、设备进场审批资料、施工过程记录资料、施工验收资料、安全管理资料等上千份监理资料

图 2-31　业务流程复杂导致数据协同困难

处理和存储的方式不一致。此外，建筑行业主流的 30 多款软件相互集成度低，缺乏公共标准和通用数据格式。数据格式难统一，导致工程项目数据难以兼容和再利用。

（4）建筑智能化系统数据协议不同，底层系统国产化程度低。建筑智能化系统涉及 100 多项子系统，数百种产品设备，数据协议不同（图 2-32），底层系统国产化程度低，数据集成度低。

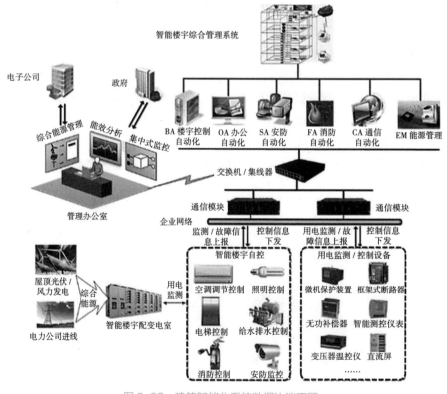

图 2-32　建筑智能化系统数据协议不同

2.3.2　数据集成关键技术

数据中台是集数据采集连通、统一治理、建模分析和服务应用于一体的综合性数据能力平台，为企业数智化转型提供能力底座。数据中台需具备数据汇聚整合、数据提纯加工、数据服务可视化、数据价值变现四个核心能力，让企业员工、客户、伙伴能够方便地应用数据。数据中台是把业务生产资料转变为数据生产力，同时数据生产力反哺业务，不断迭代循环的闭环过程，实现数据驱动决策和运营（图 2-33）。

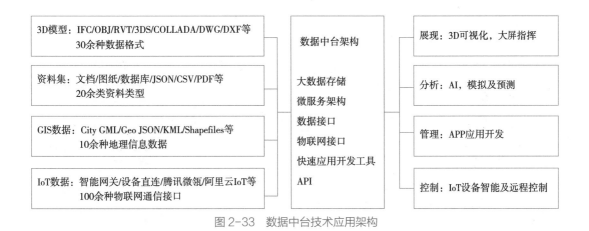

图 2-33　数据中台技术应用架构

建筑数据中台技术是实现建筑全生命周期数据管理的核心技术，能够支撑起建筑数据的管理、分析、展现等全生命周期的应用，打造行业开发应用平台合作伙伴生态，其主要有以下五大优势：

（1）数据中台全面集成主流的 BIM 数据格式，包括 IFC/OBJ/RVT/3DS/COLLADA/DWG/DXF 等 30 多种软件格式，在数据模型可视化及属性数据方面甚至有领先优势。

（2）数据中台全面集成工程资料及数据系统，包括文档 / 图纸 / 数据库 /JSON/CSV/PDF 等 20 多种资料类型。对于图片型数据，采用人工智能算法进行文字和图像识别，实现资料集的人工智能大数据管理，在内容数据管理方面处于行业领先地位。

（3）数据中台集成 City GML/Geo JSON/KML/Shapefiles 等 10 多种地理信息模型数据，将三维地理信息和地图数据无缝集成到平台中，也能够快速导入航拍的地理信息数据。

（4）数据中台集成建筑智能化领域相关的 100 多种物联网通信接口，可通过智能网关及设备直连，与公有云物联网平台快速连接，实现建筑智能化系统的 IoT 连接的高效快捷，甚至达到自动连接。

（5）数据中台提供完整的数据接口、快速应用开发工具及 API 接口，在数据展现、数据分析、数据控制及 APP 应用开发管理方面提供模块化的开发组件，实现拼装式可视化开发，将面向应用的开发做到极简、高效，打造 aPaaS 应用开发平台。

2.3.3　数据集成技术应用平台

从数据管理的角度来说，智能建造技术体系包括四类终端，即工程软件、工程大数据应用系统、工程物联网、工程智能装备；同时涉及六个专项，即 BIM 数字一体化设计、部品部件智能生产、智能施工管理、建筑机器人及智能装备、建筑产业互联网、数字交付与智慧运维。这些复杂的系统，可采用数据中台进行数据集成，同时还需要智能建造运管平台进行各类应用集成（图 2-34），将数据应用于工程全生命周期的业务和管理。因此，智能建造技术体系可归纳为"一平台、六专项"，各种终端和应用场景通过平台进行数据集成管理，从而构成完整的智能建造体系。

图 2-34　智能建造运管平台六个专项

1. 智能建造运管平台总体架构

智能建造运管平台是集成工程全生命周期全应用数据的数据管理平台，其总体框架如图 2-35 所示。

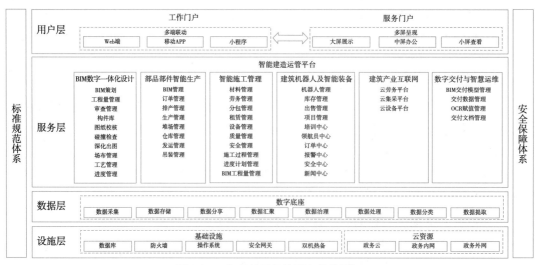

图 2-35　智能建造运管平台总体框架

2. 智能建造运管平台功能模块

（1）BIM 数字一体化设计

基于 BIM 建筑信息模型，对项目在设计—建造—交付—运维全过程数字化衔接结果进行集成管理，提高工程质量与沟通效率，实现"一模到底"应用的过程审查和结果管理。构件库如图 2-36 所示。

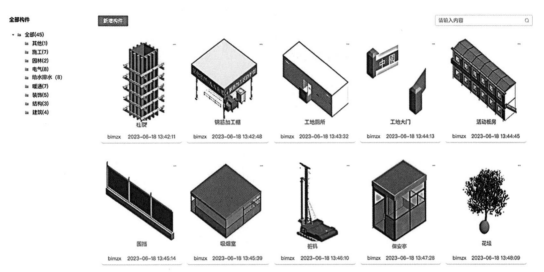

图 2-36　构件库

（2）部品部件智能生产

部品部件智能生产（图 2-37）通过传递基于 BIM 的建筑构件深化设计数据到工厂，连通项目预制构件等生产厂家，通过二维码实现从构件订单、排产、生产、堆场、运输、现场安装全流程管控，可用于预制混凝土结构、钢结构、木结构、模块化建筑、装配式装修、装配式机电管线等构件全过程管理。

（3）智能施工管理

智能施工管理通过对施工过程中的招标投标管理、合同管理、材料管理、分包管理、劳务管理、租赁管理、进度管理、质量安全管理、资料管理等，实现项目管理的"高效协同、精细管理"，最大化地协调各方面资源、提高协同工作效率（图 2-38）。

（4）建筑机器人及智能装备

建筑机器人及智能装备能够实现机器人使用管理、相关建造项目管理、领航员培训管理、机器人订单管理、机器人报警管理及安全管理等（图 2-39）。

（5）数字交付与智慧运维

通过工程建设设计、施工、竣工全过程的数据收集分析，面对不同的用户（政府、企业、个人），提供针对性的数字资产交付物，满足工程后续智慧运维需求，为构建数字

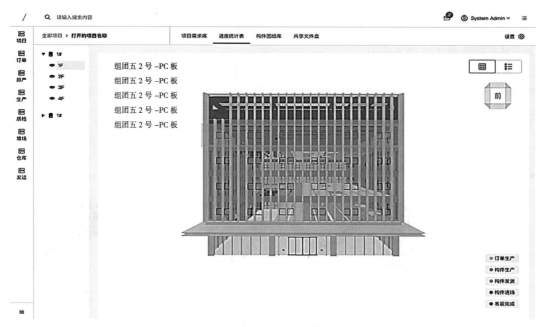

图 2-37　部品部件智能生产

图 2-38　智能施工管理

孪生城市奠定坚实基础。数字交付内容包括 BIM 数据、工程图纸文档资料、智能化系统集成三个方面数据，实现后期运行阶段数字化管理和智慧化决策（图 2-40）。

（6）建筑产业互联网

建筑产业互联网是建筑产业链协同管理平台，可分为项目级、企业级和行业级应用，通过建筑产业互联网可实现项目人员调度及物料、设备等资源的集中采购管理（图 2-41）。

图 2-39　建筑机器人及智能装备

图 2-40　数字交付与智慧运维

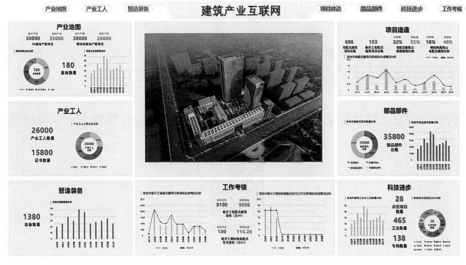

图 2-41　建筑产业互联网

学习小结

本节主要学习了智能建造数据集成技术，通过本节的学习，可以了解目前建筑业数据类型和软件产品对数据集成的迫切性，明白数据中台能够有效解决现有建筑业数据集成的问题；通过学习数据集成技术应用平台案例——智能建造运管平台，对 BIM 数字一体化设计、部品部件智能生产、智能施工管理、建筑机器人及智能装备、数字交付与智慧运维、建筑产业互联网六大功能模块有所了解。

知识拓展

码 2-5　工程信息分类表
（工程数据体系表）

习题与思考

1. 填空题

（1）智能建筑技术体系包括四类终端，分别是_____、_____、_____和_____。

（2）智能建造技术体系涉及六个专项，即_____、_____、_____、_____、_____和_____。

2. 简答题

（1）概述目前建筑数据集成技术面临的困难。

（2）概述智能建造运管平台所包含的功能模块及其对应的作用。

3. 讨论题

如何将智能建造的运管平台应用到工程项目管理中？可以在哪些方面取得成效？

码 2-6　习题与思考参考答案

③ 数字一体化设计

3.1 数字一体化设计概述

教学目标

一、知识目标

1. 熟悉数字一体化设计的定义；

2. 了解数字一体化设计的现状及发展趋势。

二、能力目标

1. 能够表述数字一体化设计的定义；

2. 能够表述数字一体化设计发展现状及趋势。

三、素养目标

1. 具有良好倾听的能力，能有效地获得各种资讯；

2. 能正确表达自己思想，学会理解和分析问题。

学习任务

对数字一体化设计的定义、现状及发展趋势有一个全面了解，为掌握数字一体化设计技术打下基础。

建议学时

1 学时

思维导图

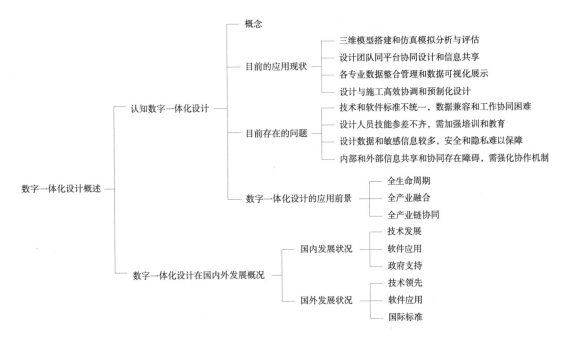

3.1.1 认知数字一体化设计

1. 概念

数字一体化设计通常是指通过数字化工具和技术来进行产品和系统的设计，以实现信息的整合和流程的优化。在建筑领域，数字一体化设计主要是基于建筑信息模型（BIM），将建筑项目的设计、施工、运营和维护等各个阶段的数据流程进行一体化集成和共享应用，实现基于BIM的信息流、物流、资金流和工作流的全过程控制和协调，提高建筑项目的质量、效率和可持续性。在建筑领域，数字一体化设计也可称为BIM数字一体化设计。

1）数据驱动：以数据为核心，以构件化的三维可视模式为载体，通过收集、分析和应用各种数据，包括设计要求、材料特性、工艺过程等，从而支持决策和优化设计。

2）协同合作：利用云计算和网络技术，实现设计团队的协同合作。多个专业的设计师和相关利益者可以通过远程访问和共享设计数据，实现实时的协同设计和沟通。

3）系统集成：将设计过程的各个环节进行集成，包括需求分析、概念设计、详细设计和验证等。不同的设计工具和技术被整合在一个统一的平台上，提高设计效率和质量。

4）智能化支持：利用人工智能和机器学习技术，实现设计过程的自动化和智能化。例如，自动生成设计方案、自动优化设计、设计验证和仿真等。

5）可视化展示：通过虚拟现实、增强现实等技术，实现设计结果的可视化展示。设计师可以通过沉浸式的方式进行设计评审和用户体验测试，提高设计的准确性和用户满意度。

6）可持续发展：考虑设计对环境和社会的影响，提供可持续发展的设计方法和工具。例如，通过设计优化减少材料使用和能源消耗，提高产品的循环利用率。

2. 目前的应用现状及问题

数字一体化设计的应用在不同设计院和项目中会有差异，有些设计院已经通过数字一体化设计技术实现了全流程的数字化设计，而有些设计院可能还处于初始阶段，正在逐步推进数字一体化设计的应用。在设计院的应用主要包括以下几个方面：

1）建模和仿真：设计院通过使用建模软件来进行建筑、结构和设备等的三维模型设计，实现了从传统二维图纸到三维模型的转变。同时，设计院还通过仿真软件进行各种分析和评估，如结构仿真、流体仿真等，以验证设计方案的可行性和优化设计。

2）协同设计和信息共享：通过云平台和协同工具，各个专业团队可以在同一平台上进行实时的设计协作，实现了设计人员之间的协同工作和信息共享。

3）数据管理和可视化：将各个设计专业的数据整合到统一的数据库中，实现了设计数据的统一管理和快速检索。设计院可以通过可视化工具，将设计数据以图表、图像或动态图形的形式展示出来，方便设计师和决策者进行数据分析和决策。

4）施工协调和预制化设计：数字一体化设计减少了设计和施工之间的信息传递和沟通障碍，使得施工过程更加协调和高效。设计院可以在设计阶段就考虑施工过程中的需求和问题，实现预制化设计，提高施工效率和质量。

然而，数字一体化设计在设计院中仍存在一些问题和挑战：

1）技术和软件标准：不同的设计院和项目采用的数字一体化设计软件和标准不一致，导致数据兼容性和协同工作的问题。

2）人员技能和培训：数字一体化设计需要设计人员具备相关的技能和知识，包括BIM软件的使用、数据管理和模型协同等。但目前设计人员的数字化技能水平参差不齐，需要加强培训和教育。

3）数据安全和隐私：数字一体化设计涉及大量的设计数据和敏感信息，如何确保数据的安全和隐私保护仍是一个难题。

4）信息共享与协同：设计院内部与外部合作方之间的信息共享和协同仍存在一定的障碍，需要进一步建立有效的沟通和协作机制。

总体来说，数字一体化设计在设计院中的应用正在不断发展和完善，但仍面临一些技术、人员和管理上的挑战。设计院需要进一步加强对数字化设计的认识和推广，推动数字一体化设计在更广泛领域的应用。

3. 数字一体化设计的应用前景

数字一体化设计的应用前景非常广阔，它可以提高设计质量和效率，减少错误和冲突，降低成本和风险，实现建筑项目的可持续发展。数字一体化设计的应用前景可以从三个方面来看：

1）全生命周期：数字一体化设计将设计、施工、运营和维护等不同阶段的工作整合，促进设计和施工的无缝衔接，实现了从项目的规划和设计到运营管理的全过程协同。此外，在项目运营和维护阶段，数字一体化设计可以帮助实时监测建筑物的性能和健康状况，提高建筑的可持续性和综合管理水平。

2）全专业融合：数字一体化设计利用 BIM 等工具和技术，将各个设计专业的信息整合到统一平台上，实现实时的数据共享和协同设计，这种全专业融合的设计方式可以提高协同效果，减少错误和冲突，加速设计的整体进展。

3）全产业链协同：数字一体化设计可以促进设计院与其他环节的产业链合作，将设计院与施工单位、供应商、运营商等各个参与方连接起来，实现全产业链的协同，提高资源的优化利用，降低成本和风险，提高项目的整体效益。

综上所述，数字一体化设计在全生命周期、全专业融合和全产业链协同方面的应用前景广阔。要充分发挥数字一体化设计的优势，还需要解决技术标准的统一、人员素质的培养、数据安全和隐私保护等问题，以构建一个完备的数字一体化设计体系。

3.1.2　数字一体化设计在国内外发展概况

随着数字化技术的发展和建筑行业的智能化升级，以 BIM 为代表的数字一体化设计在全球范围内迅速发展。从国内外的发展情况来看，BIM 数字一体化设计已经成为建筑行业数字化转型的重要推动力量。以下是 BIM 数字一体化设计在国内外发展情况。

1. 国内发展状况

在国内，数字一体化设计的发展较快，以下是一些值得关注的方面：

1）技术发展：数字一体化设计技术在国内得到了广泛的应用和推广，特别是基于 BIM（建筑信息模型）的技术。国内许多大型设计院和施工单位在建筑、土木工程、城市规划等领域都采用了数字一体化设计。随着技术不断进步，越来越多的设计师和工程师开始使用多维、多专业、多功能的数字模型进行设计和协作。

2）软件应用：国内已经形成了一批具有自主知识产权的数字一体化设计软件和工具，如华为的 iBIM、中建三局的 CIM BOARD、中建一局的 BIM CLOUD、阿里巴巴的 BIM GOGO、中亿丰的 DTBIM 等。这些软件提供了全面的 BIM 建模、图形分析、碰撞检测、协作管理等功能，满足了国内建筑行业在数字一体化设计方面的需求。

3）政府支持：中国各级政府对数字一体化设计的发展给予了积极的支持和推动，相继出台了相关政策和标准，如《住房和城乡建设部等部门关于推动智能建造与建筑工业化协同发展的指导意见》和《中华人民共和国国民经济和社会发展第十三个五年规划

纲要》等。这些政策的出台促进了数字一体化设计的普及和应用。

2. 国外发展状况

在国外，数字一体化设计的发展比国内更为成熟和广泛，以下是一些值得关注的方面：

1）技术领先：国外在数字一体化设计的理论研究、技术创新和应用方面较为领先。例如，美国在 BIM 的应用方面有较早的探索和实践，欧洲各国也积极推动数字一体化设计在建筑行业的应用和发展。

2）软件应用：国外有许多知名的数字一体化设计软件和工具供应商，如 Autodesk 的 Revit、Bentley 的 AECOsim、GRAPHISOFT 的 ArchiCAD 等。这些软件拥有强大的建模、分析和协作功能，已被广泛使用在各种建筑、土木工程项目中。

3）国际标准：在国际上也存在一些数字一体化设计的标准和规范，如 IFC（工业基础类）和 COBie（建筑设施信息交换）等。这些标准的制定和推广为数字一体化设计的国际交流和合作提供了基础。

总体来说，国内在数字一体化设计的实际应用和推广方面较为积极，多家企业和机构致力于数字一体化设计软件和工具的研发。而在国外，数字一体化设计的发展更为成熟，技术领先，有较多的软件供应商和先进的标准指导。随着国内外经验的交流和技术的进步，国内的数字一体化设计发展势头也会越来越迅猛，其应用场景也会越来越丰富（表 3–1）。

数字一体化设计应用场景　　　　　　　　　　　　　　　　　　　表 3–1

应用阶段	大场景	小场景
数字一体化设计	数字化辅助设计	BIM+VR/AR/MR 辅助设计
		BIM 正向设计
		BIM 协同设计
	数字化辅助分析	基于 BIM 的性能分析
		基于 BIM 的算量造价分析
	数字化辅助审核	基于 BIM 的碰撞检查
		基于 BIM+AR 的建筑 / 结构 / 机电审查
	数字化辅助管理	BIM 协同管理平台

 学习小结

完成本节学习后，读者应了解数字一体化设计在国内外发展的情况，掌握数字一体化设计的定义，明白数字一体化设计在全生命周期、全专业融合和全产业链协同方面的应用前景广阔。要充分发挥数字一体化设计的优势，还需要解决技术标准的统一、人员素质的培养、数据安全和隐私保护等问题，以构建一个完备的数字一体化设计体系。

知识拓展

码 3-1　数字一体化设计的价值

习题与思考

1. 填空题

（1）BIM 数字一体化设计是基于_____和_____等新一代数字化技术，将建筑项目的_____、_____、_____和_____等各个阶段的数据流程进行一体化集成和共享应用。

（2）数字一体化设计有_____、_____、_____三大应用前景。

2. 简答题

（1）概述数字一体化设计具备的六大特征。

（2）概述目前数字一体化设计在设计院的应用现状和面临的问题。

码 3-2　习题与思考参考答案

3.2 数字化辅助设计

教学目标 📖

一、知识目标

1. 了解数字化辅助设计的概念及发展历程；
2. 了解数字化辅助设计的应用场景。

二、能力目标

能说出数字化辅助设计的三大应用场景。

三、素养目标

1. 具有良好的倾听能力，能有效地获得各种资讯；
2. 能正确表达自己思想，学会理解和分析问题。

学习任务 🖥

认知数字化辅助设计，对其应用场景有一个全面了解，为掌握数字一体化设计技术打下基础。

建议学时 ⊹

1 学时

思维导图

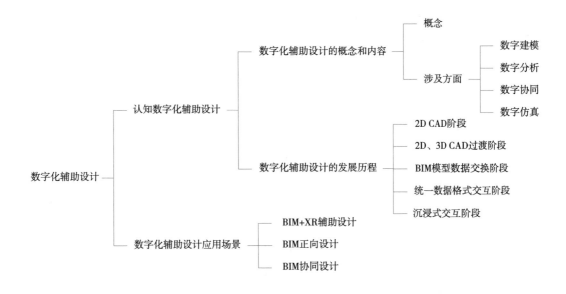

3.2.1　认知数字化辅助设计

1. 数字化辅助设计的概念和内容

数字化辅助设计是指运用 BIM 等数字化技术辅助设计与生产的过程。在 BIM 数字化辅助设计过程中，人们使用计算机和各种先进技术将数据转化成具有几何学、尺寸和物理特性的各种模型，帮助设计师更加直接、直观地把握和掌控设计效果，克服了传统设计过程中的很多不足。数字化辅助设计包括以下几个方面：

1）数字建模：通过使用 CAD 及 BIM 软件，将设计师的创意和想法转化为数字模型。数字模型可用于进行设计和分析，包括建筑的立面、平面、剖面等各个角度的设计。数字模型还可进行参数化设计，通过调整参数来快速生成不同的设计方案。

2）数字分析：利用有限元分析、流体动力学模拟、结构优化等软件，对设计方案进行力学、热传导、流体流动等方面的分析和模拟。通过数字分析，可评估设计方案的性能和效果，从而指导设计的改进和优化。

3）数字协同：通过云端协同平台和虚拟现实技术，实现设计团队成员之间的实时协作和沟通。设计师可在不同地点通过互联网进行设计交流，共同编辑和修改设计方案。虚拟现实技术可以提供更直观的设计体验，使设计师能够更好地理解和评估设计效果。

4）数字仿真：利用仿真软件，对设计方案进行真实场景模拟和预测，可通过光照仿真、能源仿真、室内环境仿真等，评估建筑的太阳能利用、照明效果、热舒适性等方面的性能。

2. 数字化辅助设计的发展历程

图3-1直观地描绘了数字化辅助设计的发展历程，这一历程可以细分为五个逐步深入的等级。从最初的2D CAD技术普及，到VR等虚拟现实技术的混合使用，每个等级都标志着技术的一大步跃进，不仅提高了设计效率和质量，还促进了团队协作和沟通，增强了用户体验，推动了可持续发展。未来，随着技术的不断进步和应用场景的不断拓展，数字化辅助设计将继续发挥更大的作用。

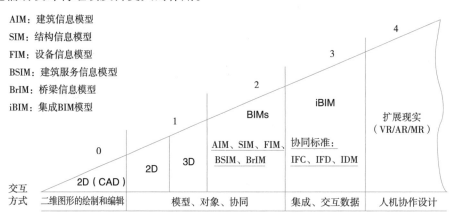

图3-1　数字化辅助设计发展历程

第0等级：2D CAD阶段

在数字化辅助设计的初级阶段，2D CAD技术成为了行业的主流。这一阶段主要依赖二维图纸进行设计和表达，尽管它缺乏三维空间的直观性，但因其操作简便、成本较低而迅速普及。如今，2D CAD技术已经广泛应用于各行各业，为设计师们提供了基本的绘图和编辑工具。

第1等级：2D、3D CAD过渡阶段

随着技术的进步，3D CAD技术逐渐崭露头角，与2D CAD形成了互补。目前，我国建筑设计行业多数处于这一混合使用阶段。设计师们可以在二维和三维之间自由切换，更加直观地展示设计效果。这种混合使用的方式不仅提高了设计效率，还使得设计成果更具表现力。

第2等级：BIM模型数据交换阶段

当数字化辅助设计进入第2等级，BIM模型之间的数据交换成为了可能。在这一阶段，设计师们可以使用不同的软件工具进行协同设计，并通过数据交换实现设计信息的共享。尽管目前只有少数项目处于这一等级，但它标志着数字化辅助设计在交互方式上的一大飞跃。

第3等级：统一数据格式交互阶段

在第3等级中，数字化辅助设计实现了统一数据格式的交互。通过采用如IFC（工业基础类）等标准数据格式，不同软件之间可以无缝对接，实现设计数据的完全交互。这一阶段的实现不仅提高了设计效率，还确保了设计信息的准确性和一致性。

第4等级：沉浸式交互阶段

随着XR（扩展现实）等元宇宙技术不断发展，数字化辅助设计进入了一个全新的沉浸式交互阶段。在这一阶段中，非专业人士也可以通过虚拟现实、增强现实等技术介入设计环节，与设计师共同探索设计方案的可行性。这种沉浸式交互方式大大提升了最终客户及用户参与程度，使得设计成果更加符合用户需求和期望。

　　未来，数字化辅助设计的交互方式会继续发展和创新，可能会结合其他新兴技术，如声音识别、眼神追踪等，为设计师提供更加多样化和高自由度的交互方式。尽管交互方式在不断改变，但数字化辅助设计的目标始终是提高设计过程的效率、质量和创新能力。

3.2.2　数字化辅助设计应用场景

　　数字化辅助设计技术旨在支持建筑师在设计中响应需求，精确分析问题，发掘设计方向和形态，以实现更易维护和可持续性的建筑。数字化辅助设计的应用场景包括以下几个方面：

图 3-2　BIM+XR 辅助设计

　　（1）BIM+XR 辅助设计：BIM+XR 技术是建筑信息模型与虚拟现实的一体化结合技术，其仍以三维数字技术为基础，在全生命周期内，对项目的信息或数据进行数字化集成设计（图 3-2）。在可视化的设计环境中，以人的体验为出发点，让使用者在三维模型环境中体验和操纵，进行实时漫游与实时交互，从而缩短项目的工期与成本，提高建筑设计的质量和品质。

　　（2）BIM 正向设计：BIM 正向设计是指项目从草图设计至交付全部成果都是由 BIM 三维模型完成，设计人员根据设想的空间建筑，构建可视化的三维模型，利用 BIM 技术的可视化特点直观反映最终成型的建筑结果，实现对设计方案的修正优化。同时还能实现各个专业的协调沟通，实现二维图纸向 BIM 正向设计出图转变（图 3-3）。

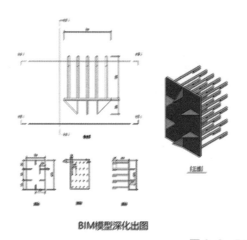

BIM模型深化出图

现场施工　　　　深化出图列表

图 3-3　BIM 正向设计

（3）BIM 协同设计：建筑设计是由建筑、结构、暖通、给水排水、电气等多个专业团队共同创作完成，相互之间互为参照，因此多专业人员实时协同设计才能提升质量和效率。除了需要完成专业领域的设计工作外，设计人员还需要与其他单位及部门协调合作，完成达到业主要求的设计工作（图 3-4）。同时，BIM 协同设计也有着其独特的资源、信息共享和任务管理。

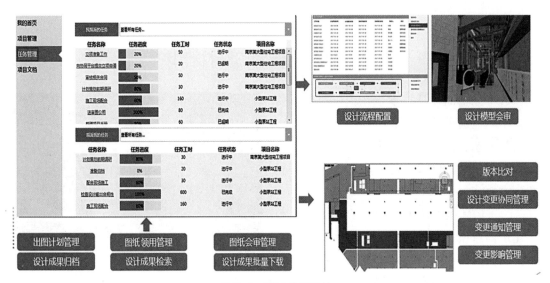

图 3-4　BIM 协同设计

BIM 数字化辅助设计在未来将成为建筑设计的重要手段和建筑设计行业数字化发展的主导趋势，为建筑师提供更多设计空间和创新机会，提高设计效率和质量。建筑师需要不断学习和掌握数字化辅助设计的技术和应用，以提升自己的设计水平和竞争力，在数字化建设浪潮中获得更大的发展机遇。

 学习小结

完成本节学习后，读者应掌握数字化辅助设计的概念及内容，了解数字化辅助设计的发展历程，了解数字化辅助设计的三大应用场景：BIM+XR 辅助设计、BIM 正向设计、BIM 协同设计。

知识拓展

码 3-3　住宅类项目 BIM 实施方案

习题与思考

1. 填空题

（1）数字化辅助设计包括_____、_____、_____、_____等方面，其目标是提高设计过程的_____、_____和_____。

（2）数字化辅助设计技术旨在支持建筑师在设计中_____，_____，_____，以实现更具有易维护和可持续性的建筑。

2. 简答题

（1）概述数字化辅助设计的发展阶段。

（2）概述数字化辅助设计的应用场景。

码 3-4　习题与思考参考答案

3.3　数字化深化设计

教学目标 📖

一、知识目标

1. 掌握数字化深化设计的概念；
2. 熟知数字化深化设计的主要类型和应用领域；
3. 了解数字化深化设计的应用场景。

二、能力目标

能说出数字化深化设计的三大应用场景。

三、素养目标

1. 具有良好的倾听能力，能有效地获得各种资讯；
2. 能正确表达自己思想，学会理解和分析问题。

学习任务 🖥

认知数字化深化设计，知晓数字化深化设计的主要类型及应用领域，了解数字化深化设计的三大应用场景，为掌握数字一体化设计技术打下基础。

建议学时 ⊡

2 学时

思维导图

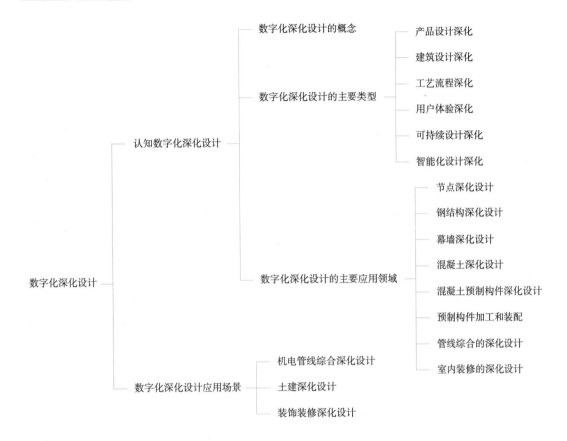

3.3.1　认知数字化深化设计

1. 数字化深化设计的概念

数字化深化设计是在业主或设计顾问提供的蓝图的基础上，采用 BIM 技术，结合各专业图纸及施工现场实际情况，对图纸进行细化、补充和完善。BIM 深化设计后的图纸满足业主或设计顾问的技术要求，符合相关地域的设计规范和施工规范，并通过审查，图形合一，能够直接指导现场施工，确保最终效果更加美观合理（图 3-5）。

BIM 数字化深化设计一般将图面概念设计转化为实物产品，拿到图纸后应全面熟悉图纸和了解设计意图及业主的要求，根据工程难点、特点进行思考策划。

1）地基基础、结构施工方面，应针对工程结构形式、部位节点、施工难度等策划需采用的施工方法、施工工艺、质量控制措施、安全控制措施、适用的质量标准、验收方法、主体与二次结构连接方法、主体结构与装饰工程、安装工程连接、预留预埋、细部构造、节点处理等。

2）装饰工程哪些部位及分项工程可设计出图样新颖、造型独特、美观大方并符合人们传统审美感的装饰方案，塑造亮点。

3）设备安装工程施工前，综合各种管道（线、槽）布置、走向，支架及吊杆等的安装位置，对照明灯具、风口、消防探头点位置等进行综合考虑，对称设计，规律性安排。

4）工程哪些部位、分项工程上有难点，需采取相应的措施；哪些部位、分项工程上可创新、应用新技术，塑造亮点。

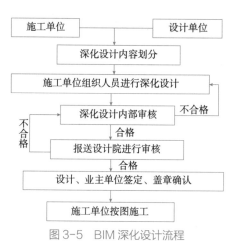

图 3-5　BIM 深化设计流程

2. 数字化深化设计的主要类型

数字化深化设计主要包括产品设计深化、建筑设计深化、工艺流程深化、用户体验深化、可持续设计深化和智能化设计深化等类型。

1）产品设计深化：数字化深化设计将产品设计从概念阶段推进到详细设计阶段。通过使用计算机辅助设计软件和工具，设计师可以进行三维建模、装配设计、材料选择、工艺规划等工作，以确保产品的可制造性和性能。

2）建筑设计深化：数字化深化设计在建筑领域应用广泛。设计师可以使用建筑信息模型（BIM）软件进行建筑的三维建模和详细设计。这种模型不仅可以提供建筑的外观和空间布局，还可以添加施工和运行信息，提供设计冲突检测和可视化预览。

3）工艺流程深化：数字化深化设计在工业制造过程中起着重要作用，可以帮助优化工艺流程，提高生产效率和质量，减少物料浪费和装配时间。通过使用计算机辅助制造软件和仿真工具，可以模拟和评估不同工艺方案的效果，从而优化制造流程。

4）用户体验深化：数字化深化设计也可以用于提升用户体验。通过使用虚拟现实（VR）和增强现实（AR）技术，设计师可以创造沉浸式的用户体验，模拟产品的使用场景，提前发现潜在的问题并进行改进。

5）可持续设计深化：数字化深化设计可以帮助设计师在产品设计过程中考虑可持续性因素。通过数据分析和模拟优化，可以减少材料和能源的消耗，降低环境影响，提高产品的循环利用率。

6）智能化设计深化：随着人工智能的发展，数字化深化设计正逐渐向智能化发展。通过利用机器学习和自动化技术，设计师可以自动生成设计方案、自动优化设计参数，加快设计过程并提高设计效率。

3. 数字化深化设计的主要应用领域

数字化深化设计可提高设计和施工的效率，减少错误和成本，并提高项目的质量和性能。数字化深化设计的应用领域主要包括：

1）节点深化设计：通过数字化深化设计，可对钢结构连接节点进行详细设计和分析。通过模拟节点受力和变形情况，确定合适的连接方式、材料和尺寸，进行强度和可靠性分析。

2）钢结构深化设计：数字化深化设计通过建立精确的几何模型和应用力学分析工具，对钢结构进行建模、荷载分析、结构优化和强度分析，以满足结构的功能和性能要求。

3）幕墙深化设计：数字化深化设计可对钢结构幕墙进行设计和分析。通过建模、荷载分析和仿真，确定幕墙的材料、结构和外观设计，以满足建筑的外观、保温、隔声和抗风性能要求。

4）混凝土深化设计：数字化深化设计可应用于混凝土结构的设计和分析。通过建立准确的几何模型和应用力学分析工具，进行混凝土结构的建模、荷载分析、构造分析和优化设计。

5）混凝土预制构件深化设计：数字化深化设计可用于混凝土预制构件的设计和分析。通过建模、强度分析和优化，确定合适的构件形状、尺寸和连接方式，以满足构件的强度和稳定性要求。

6）预制构件加工和装配：数字化深化设计可应用于钢结构和混凝土预制构件的加工和装配。通过数字化的设计文件和信息模型，提供准确的构件尺寸、连接方式和加工要求，以实现高效、精确的构件加工和装配。

7）管线综合的深化设计：对于管线综合来说，管线集中的部位是最容易出现问题的。BIM技术重点关注的问题包括管线布置是否突破室内净高、管线布置是否冲突碰撞、管线布置与结构及装修设计是否冲突，各专业机房的设备是否合理布置，并保证设备的运行维修、安装等有足够的平面空间和垂直空间。

8）室内装修的深化设计：基于BIM技术的建筑室内装饰深化设计可在方案设计模型的基础上直接利用三维可视化进行深化设计，也可以二维深化设计图纸为依据，在建模过程中发现设计问题及时反馈给设计师，实现图纸和模型互为参考、相互补充，对室内装修后的效果进行提前评估，尽早发现设计问题。在此过程中，由于主体结构施工时不可避免的人为误差和施工误差，在用BIM模型深化设计时，获取准确的基准模型至关重要。

3.3.2　数字化深化设计应用场景

BIM数字化深化设计旨在提高建筑项目在生命周期内的可持续性，减少设计错误，提高生产效率，降低成本和提高质量。数字化深化设计依赖于开放式建模标准，使建筑设计的大量工作可在虚拟空间中完成，然后将所需的信息导出或深化到实际建筑中。数字化深化设计应用场景如下所述：

1. 机电管线综合深化设计

借助 BIM 模型对专业间、专业内构件进行检查，对于碰撞问题通过统一的报告进行记录，在施工前解决这些问题，避免返工和延误工期。此外，机房的设备众多，空间要求各不相同，分布的管道也是不同的，因此机房成为机电施工深化的重点区域，在施工前对机房进行综合布线，通过 BIM 模型优化布局，尽可能提供检修空间，从而保障机房后期的运维和保养（图 3-6）。

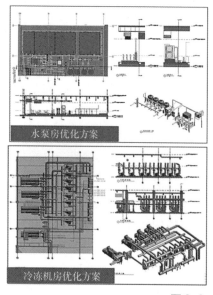

图 3-6　机电管线综合深化设计

2. 土建深化设计

1）支模方案深化：基于主体结构的 BIM 模型建立脚手架方案模型，三维视角下确认方案可行后形成相应深化图（图 3-7），辅助现场人员按图、按模型施工，对复杂钢结构模型出具节点和桁架深化图，交付厂家进行加工制作。

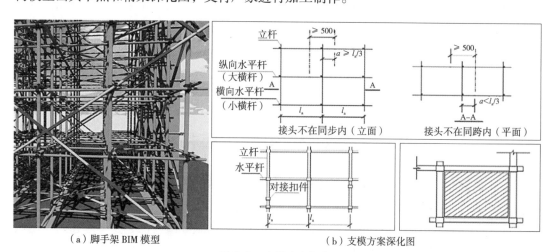

（a）脚手架 BIM 模型　　　　　　（b）支模方案深化图

图 3-7　支模方案深化

2）排砖方案深化：对于商业大厅、卫生间等区域设置不同排砖优化方案供业主选择，辅助前期方案决策，基于模型出具排砖平面、立面、节点深化图，通过深化图指导现场施工（图3-8）。

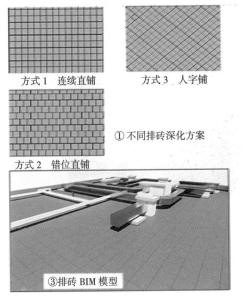
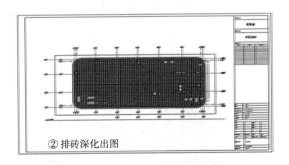

① 不同排砖深化方案

② 排砖深化出图

③ 排砖BIM模型

④ 排砖现场施工效果

图3-8 排砖方案深化

数字化深化设计是建筑设计和制造行业的重要趋势，具有重要的意义。它通过各种数字化工具来实现建筑设计和制造的深度优化，帮助设计者进一步了解项目细节和验证方案。数字化深化设计不仅能节省设计过程中的时间和人力成本，还能优化建筑材料使用和建筑生产过程，为建筑的可持续性发展做出贡献。数字化深化设计是建筑行业不可或缺的一部分，是建筑行业数字化转型和升级的关键步骤。

3. 装饰装修深化设计

由于建筑室内装修深化设计涉及细节多，造型复杂，内容多，故目前市场上深化设计工具种类较多，如Autodesk Revit等BIM类设计软件，也包含SketchUp、Rhino、3DMax等三维软件。在使用BIM三维软件进行深化设计时，需要确保模型元素的相关信息能准确反映建筑装饰装修工程的真实数据，模型可与其他BIM平台进行共享与应用。BIM装饰装修深化设计应具备建筑地面、抹灰工程（内外墙面、地面）、外墙防水工程、地面防水工程、门窗、吊顶、饰面板、涂饰、裱糊与软包、细部等建模的能力（图3-9）。

 学习小结

完成本节学习后，读者应熟知数字化深化设计的概念、主要类型、应用领域等，并能够知晓数字化深化设计的三大应用场景。

图 3-9　装饰装修深化设计

知识拓展

码 3-5　BIM+ 新一代信息技术

习题与思考

1. 填空题

（1）数字化深化设计是在_____的基础上，采用_____，结合各专业图纸及施工现场实际情况，对图纸进行_____、_____和_____。

（2）数字化深化设计主要包括_____、_____、_____、_____、_____和_____等类型。

2. 简答题

（1）概述策划数字化深化设计应考虑的因素。

（2）概述数字化深化设计应用场景。

码 3-6　习题与思考参考答案

3.4　数字化辅助审查

教学目标 📖

一、知识目标

1. 认知数字化辅助审查;
2. 了解数字化辅助审查的应用场景。

二、能力目标

能说出数字化辅助审查的应用场景。

三、素养目标

1. 具有良好倾听的能力，能有效地获得各种资讯;
2. 能正确表达自己思想，学会理解和分析问题。

学习任务 🖥

认知数字化辅助审查，熟知数字化审查方式、审查内容和范围，对其三大应用场景有一个全面了解，为掌握数字一体化设计技术打下基础。

建议学时 ⊡

1 学时

思维导图

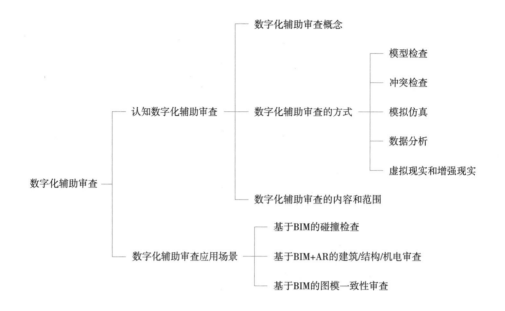

3.4.1　认知数字化辅助审查

1. 数字化辅助审查概念

数字化辅助审查是指基于 BIM 数字化技术和工具对特定对象、系统或流程的相关数据进行分析、检验和评估的过程。它主要通过计算机辅助设计（CAD）软件、建筑信息模型（BIM）、数据分析和模拟仿真等技术手段，对所需审核的内容进行数字化处理和辅助分析，以实现更准确、高效的审查结果。在建筑和工程行业中，数字化辅助审查主要侧重于对建筑信息模型（BIM）的一致性、准确性和可行性进行审查，以确保设计的正确性并符合相关规范和标准。同时，数字化辅助审查还可以提高审查的效率和精确度，减少人为错误，促进团队协作和信息共享。

2. 数字化辅助审查的方式

数字化辅助审查的方式可以根据具体的需求和对象进行灵活选择和组合，以提高审查的效率、准确性和全面性。以下是常见的数字化辅助审查方式：

1）模型检查：通过建筑信息模型（BIM）软件对模型进行自动化检查，验证模型的一致性、准确性和合规性。

2）冲突检测：利用 BIM 软件进行碰撞检测，即通过模型中各个构件的几何信息，快速检测出构件之间的冲突和干涉情况。

3）模拟仿真：通过使用模拟仿真软件，对建筑或产品进行虚拟测试和分析。

4）数据分析：对大量的数据进行分析，提取出有价值的信息和关联性。

5）虚拟现实和增强现实：利用虚拟现实（VR）和增强现实（AR）技术，将数字化模型与真实环境相结合，实现对建筑或产品的虚拟现实体验和可视化审查。

3. 数字化辅助审查的内容和范围

数字化辅助审核范围应包含项目所有部分。审核内容包括模型质量和设计质量，其中，模型质量包括模型命名、构件命名、构件完整度、构件精细度等；设计质量包括碰撞问题、净高问题、规范问题、可施工问题、运维问题等。

3.4.2 数字化辅助审查应用场景

1. 基于 BIM 的碰撞检查

碰撞检测及三维管线综合的主要目的是基于各专业模型，应用 BIM 三维可视化技术检查施工图设计阶段的碰撞，完成建筑项目设计图纸范围内各种管线布设与建筑、结构平面布置和竖向高程相协调的三维协同设计工作，尽可能减少碰撞，避免空间冲突，避免将设计错误传递到施工阶段（图 3-10）。同时应实现空间布局合理，比如重力管线的合理排布以减少水头损失。

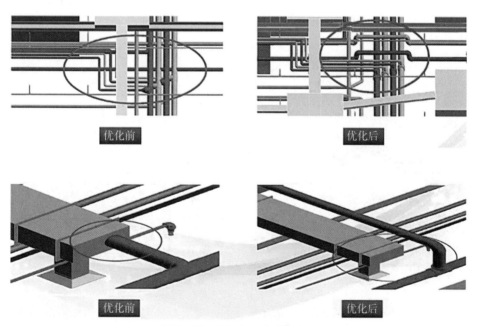

图 3-10 基于 BIM 的碰撞检查

2. 基于 BIM+AR 的建筑 / 结构 / 机电审查

　　将 BIM 模型导入 AR 平台，在平台中通过模型及实体的相应位置（图 3-11），布置用于定位的二维码，将含有位置信息的二维码粘贴到现场对应位置。通过手机或平板电脑扫描二维码，就可以将 BIM 模型在真实环境中进行厘米级定位，并叠加施工现场场景，为施工和验收环节提供可视化的参考和指导。

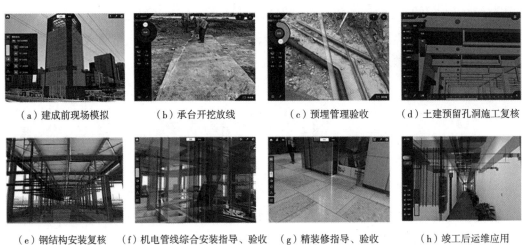

|（a）建成前现场模拟|（b）承台开挖放线|（c）预埋管理验收|（d）土建预留孔洞施工复核|

|（e）钢结构安装复核|（f）机电管线综合安装指导、验收|（g）精装修指导、验收|（h）竣工后运维应用|

图 3-11　基于 BIM+AR 的建筑 / 结构 / 机电审查

3. 基于 BIM 的图模一致性审查

　　基于 BIM 的图模一致性审查是一种基于数字化建模工具和技术的审查方法，用于验证和评估建筑信息模型（BIM）中各个构件之间的一致性和准确性（图 3-12）。这种审

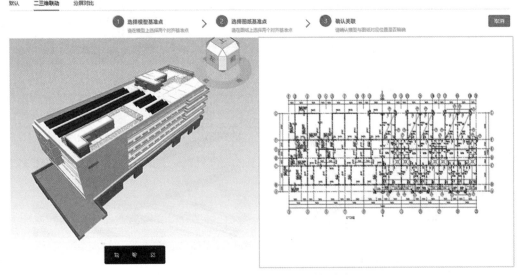

图 3-12　基于 BIM 的图模一致性审查

查方法主要包括构件位置一致性审核、尺寸和尺度一致性审核、材料和属性一致性审核、冲突检测和干涉分析四个方面。通过基于 BIM 的图模一致性审查,可提高建筑信息模型的质量和准确性,减少错误和调整,提高整体设计的效率和精度,也促进项目团队成员之间的协同合作和沟通。

 学习小结

完成本节学习后,读者应掌握数字化辅助审查的定义、审查的方式以及审查的内容和范围,能够指出其三大应用场景:基于 BIM 的碰撞检测、基于 BIM+AR 的建筑 / 结构 / 机电审查、基于 BIM 的图模一致性审查。

知识拓展

码 3-7 BIM+AR 机电管综校核

习题与思考

1. 填空题

(1)数字化辅助审查是指基于 BIM 数字化技术和工具对_____、_____的相关数据进行分析、检验和评估的过程。

(2)在建筑和工程行业中,数字化辅助审查主要侧重于对建筑信息模型(BIM)的_____、_____和_____进行审查,以确保设计的正确性及符合相关规范和标准。

2. 简答题

(1)概述常见的数字化辅助审查方式。

(2)概述数字化辅助审查应用场景。

码 3-8 习题与思考参考答案

3.5 基于数字一体化设计的性能化分析

教学目标

一、知识目标

1.认知基于数字一体化设计的性能化分析；

2.了解基于数字一体化设计的性能化分析的应用场景。

二、能力目标

能说出基于数字一体化设计的性能化分析的应用场景。

三、素养目标

1.具有良好倾听的能力，能有效地获得各种资讯；

2.能正确表达自己思想，学会理解和分析问题。

学习任务

认知基于数字一体化设计的性能化分析，对其应用场景有一个全面了解，为掌握数字一体化设计技术打下基础。

建议学时

1 学时

思维导图

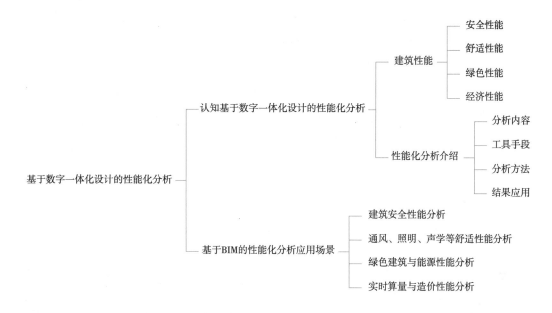

3.5.1 认知基于数字一体化设计的性能化分析

性能化分析是一种基于 BIM 的模型，在建筑设计和施工过程中分析和预测建筑物、场地和系统的性能。建筑质量和品质由建筑性能参数决定，建筑性能通常由四个方面组成，这些性能包括：

（1）安全性能：包括结构抗震性能、抗风性能、抗爆性能和消防性能等涉及安全的性能指标；

（2）舒适性能：包括热环境性能、空气质量、噪声舒适度、视觉舒适度等性能指标；

（3）绿色性能：包括节能、节地、节水、节材和碳排放性能；

（4）经济性能：包括工程造价、运营管理费用等指标。

性能化分析可在设计师、承包商和业主之间建立更好的数据共享、分析和交流的桥梁，有助于优化建筑物的设计及避免成本在施工期间的增加。性能化分析包括结构性能、机械系统性能、照明性能、采光性能、能源效率和建筑物的环保性能等。基于数字一体化设计的性能化分析是一种基于 BIM 工具和软件的分析方法，旨在评估建筑或产品在各种工作条件下的性能。以下是基于数字一体化设计的性能化分析介绍：

1）分析内容：基于数字一体化设计的性能化分析可涵盖多个方面的性能评估，如结构性能、热工性能、流体力学性能、电磁性能、可靠性等。

2）工具手段：对于数字一体化设计的性能化分析，通常需要借助计算机辅助工具和软件，包括 CAD 软件、建模软件、仿真软件等，可进行模型建立、模拟计算、数据处理等工作，方便进行性能化分析。

3）分析方法：在数字一体化设计的性能化分析中，可以采用多种不同的分析方法。常见的方法包括有限元分析、计算流体力学（CFD）分析、热传导分析、优化算法等。

4）结果应用：基于数字一体化设计的性能化分析结果可应用于多个方面：结构性能分析可用于优化结构设计，提高结构的稳定性和安全性；热工性能分析可以帮助优化建筑的能源利用效率，提高室内舒适度；流体力学分析可用于改进产品的流动性能或优化管道系统；可靠性分析可预测产品或系统的寿命和故障概率，指导设计改进和维护策略。

通过数字一体化设计的性能化分析，可以在设计阶段对性能进行评估和优化，提高设计的效率和精度，降低产品开发和运营的风险，提高整体设计质量。

3.5.2 基于 BIM 的性能化分析应用场景

1. 建筑安全性能分析

利用 BIM 模型对结构体系进行静力学分析、稳定性分析、动力学分析等，预测结构在各种荷载下的变形、应力等情况，以优化结构设计方案。利用计算流体力学软件可对消防安全及受灾疏散性能进行仿真模拟，优化消防安全设计方案（图 3-13）。

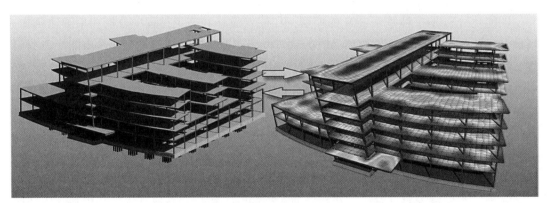

图 3-13 基于 BIM 模型的安全性能分析

2. 通风、照明、声学等舒适性能分析

利用 BIM 模型对建筑室内通风、照明、声学特性进行评估，分析内部空气质量、采光、隔声和噪声等参数，以提供更舒适的室内环境（图 3-14）。

3. 绿色建筑与能源性能分析

利用 BIM 模型对建筑能源使用情况进行评估，以建立建筑能源模型，进行能耗模拟分析和优化，从而提高建筑的能源利用效率（图 3-15）。利用 BIM 模型对绿色建筑的能

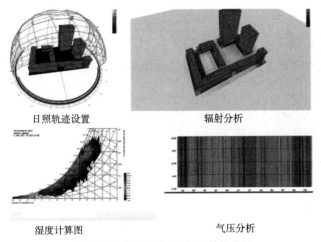

日照轨迹设置 　　　辐射分析

湿度计算图 　　　气压分析

图 3-14　基于 BIM 的舒适性能分析

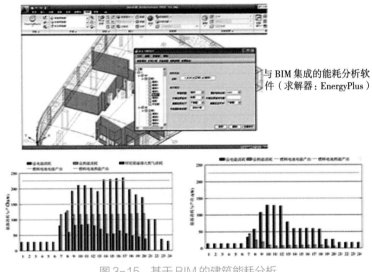

与 BIM 集成的能耗分析软件（求解器：EnergyPlus）

图 3-15　基于 BIM 的建筑能耗分析

源节约、环保性、可持续性等评估指标进行计算和优化，以满足绿色建筑认证要求和环保需求。

4. 实时算量与造价性能分析

通过 BIM 模型可快速统计工程量，不需要采用算量软件进行重复建模，比对不同设计方案所需要的造价成本，为优化设计决策提供精准依据（图 3-16）。

BIM 性能化分析需要专业的技能和技术，并且需要使用到多种模拟和计算技术。这种方法能够有效地提高建筑设计的品质和效率，以及建筑工程的可持续发展能力。随着技术的进一步发展，BIM 性能化分析将更好服务于建筑行业。

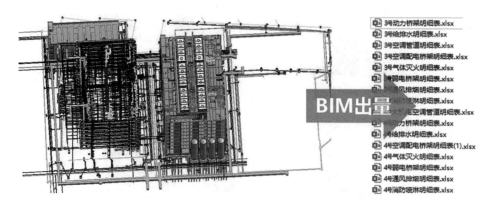

图 3-16　BIM 算量与造价性能分析

 学习小结

完成本节学习后，读者应了解基于 BIM 的性能化分析包含的四大建筑性能以及性能化分析的内容、工具手段、分析方法、结果应用，熟知其四大应用场景：建筑安全性能分析、通风、照明、声学等舒适性能分析、绿色建筑与能源性能分析、实时算量与造价性能分析。

知识拓展

码 3-9　绿色建筑性能分析

习题与思考

1. 填空题

（1）性能化分析包括_____、_____、_____、_____、能源效率和建筑物的环保性能等。

（2）通过数字一体化设计的性能化分析，可以在设计阶段对性能进行_____，提高设计的_____，降低产品_____的风险，提高整体_____。

码 3-10　习题与思考参考答案

2. 简答题

（1）基于数字一体化设计的性能化分析的工具手段及分析方法主要有哪些？

（2）基于 BIM 的性能化分析应用场景有哪些？

3.6 数字一体化设计在施工阶段的应用

教学目标

一、知识目标

了解数字一体化设计在工程施工阶段的应用。

二、能力目标

能说出基于数字一体化设计在施工阶段的应用场景。

三、素养目标

1.具有良好倾听的能力，能有效地获得各种资讯；

2.能正确表达自己思想，学会理解和分析问题。

学习任务

对数字一体化设计在工程施工阶段的应用有一个全面了解，熟知数字一体化设计在施工阶段的五大应用场景，为掌握数字一体化设计技术打下基础。

建议学时

1 学时

思维导图

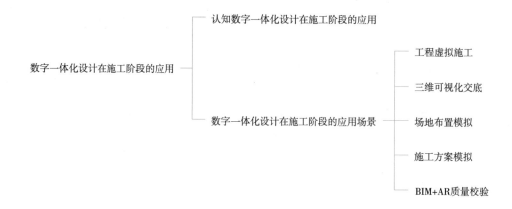

3.6.1　认知数字一体化设计在施工阶段的应用

数字一体化设计在施工阶段主要是通过将 BIM 技术与其他数字化工具和技术相结合，实现施工过程中各个环节的数字化协同和整合管理，提供更高效、准确和协同的工作流程，充分利用数字化工具和技术，为项目的设计和施工提供更全面的支持和管理。

3.6.2　数字一体化设计在施工阶段的应用场景

1. 工程虚拟施工

数字一体化设计在施工阶段的应用，主要包含了土建工程虚拟施工、安装工程虚拟施工以及装饰工程虚拟施工。通过可视化和虚拟现实对不同施工阶段的设计、施工计划和进度、物料管理、质量控制、安全管理等方面进行模拟，以帮助更好地理解工作方案。

2. 三维可视化交底

利用 BIM 软件的可视化功能，进行施工模拟，形成工艺视频，实现可视化交底（图 3-17）。利用所建立的三维模型，将施工工艺、关键节点等施工过程以三维动画的形式展现出来，并形成视频文件，在施工交底时，通过播放施工工艺过程模拟，直观、简洁地展示施工工艺。其主要应用于滑模、土方开挖等重难点方案以及管廊交叉口、过河段等复杂节点施工。

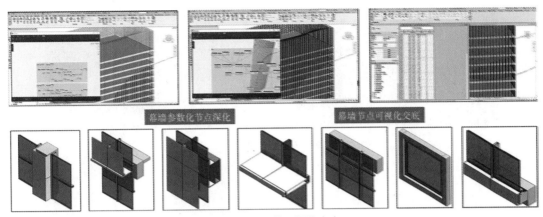

图3-17 三维可视化交底

3.场地布置模拟

基于施工图设计模型或施工深化设计模型、施工场地信息、施工场地规划、施工机械设备选型初步方案与进度计划,对施工各阶段的场地地形、既有建筑设施、周边环境、施工区域、临时道路、临时设施、加工区域、材料堆场、临水临电、施工机械、安全文明施工设施等进行规划布置和优化,以实现场地布置科学合理(图3-18)。

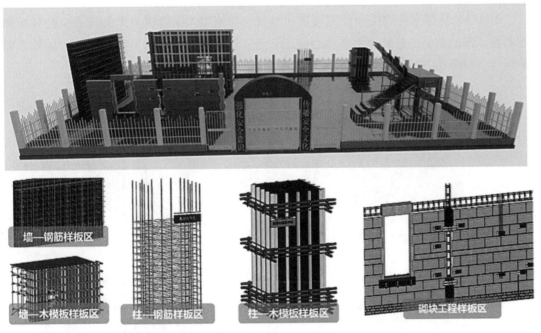

图3-18 场地布置模拟

4.施工方案模拟

在施工图设计模型或深化设计模型的基础上附加建造过程、施工顺序、施工工艺等,

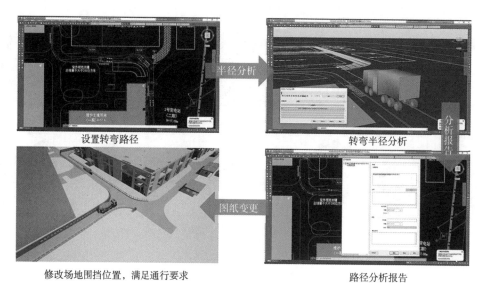

| 设置转弯路径 | 转弯半径分析 |
| 修改场地围挡位置，满足通行要求 | 路径分析报告 |

图3-19 施工方案模拟

进行施工过程的可视化模拟，并充分利用建筑信息模型对方案进行分析和优化，提高方案审核的准确性，实现施工方案的可视化交底（图3-19）。

5. BIM+AR 质量校验

BIM+AR 将数字化建模和现实场景相结合，为施工人员提供更大的信息支持和操作便利性，帮助他们更好地理解和执行施工任务，这种方式可以提高施工过程中的效率和准确性。如图 3-20 所示为 BIM+AR 质量校验。

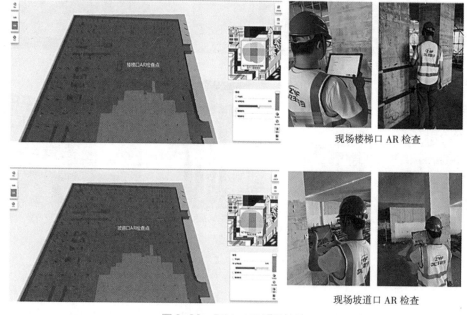

现场楼梯口 AR 检查

现场坡道口 AR 检查

图 3-20 BIM+AR 质量校验

1）模型交互：通过 AR 技术，将 BIM 模型中的构件、结构和设备等以虚拟的方式呈现在真实场景中。

2）碰撞检测和冲突解决：利用 AR 技术，施工人员可以在实际施工现场中展示虚拟的构件模型，并通过 BIM 模型的碰撞检测功能，及时发现潜在的碰撞、冲突和干涉问题。

3）安全检查：AR 技术可以帮助施工人员进行安全检查，通过将安全指示和警示图标与实际场景结合，提供实时的安全提示和教育，避免潜在的施工安全隐患。

4）进度管理和质量验收：利用 AR 技术，可以将 BIM 模型中的进度和质量信息与实际施工场景相结合。施工人员可以通过 AR 设备，在现场进行质量验收，对施工质量进行实时评估，并与设计要求进行对比。

5）问题记录和沟通：通过 AR 技术，施工人员可以在现场使用 AR 设备记录施工过程中的问题和变更需求，并与项目团队实时沟通。

 学习小结

完成本节学习后，读者应知晓数字一体化设计在工程虚拟施工、三维可视化交底、场地布置模拟、施工方案模拟、BIM+AR 质量校验的应用。

知识拓展

码 3-11　工程建设与数字交付格式 COBie

习题与思考

1. 填空题

（1）数字一体化设计在施工阶段主要是通过将 BIM 技术与其他数字化工具和技术相结合，实现施工过程中各个环节的_____和_____，提供更_____、_____和_____的工作流程，充分利用数字化工具和技术，为项目的设计和施工提供更全面的支持和管理。

码 3-12　习题与思考参考答案

（2）利用 AR 技术，可以将 BIM 模型中的_____与_____相结合。

2. 简答题

简述数字一体化设计在 BIM+AR 质量校验方面的具体应用场景。

3.7 数字一体化设计协同管理

教学目标 📖

一、知识目标

了解数字一体化设计协同管理平台的架构及应用场景。

二、能力目标

学会使用数字一体化设计协同管理平台。

三、素养目标

1. 具有良好倾听的能力，能有效地获得各种资讯；

2. 能正确表达自己思想，学会理解和分析问题。

学习任务 🖥️

对数字一体化设计协同管理平台有一个全面了解，为掌握数字一体化设计技术打下基础。

建议学时 ⌖

2 学时

思维导图

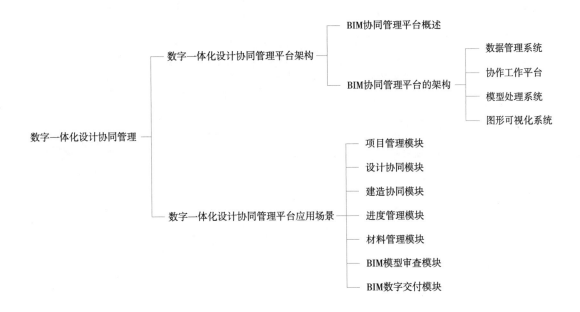

3.7.1　数字一体化设计协同管理平台架构

1. BIM 协同管理平台概述

BIM 是一种工程全过程多方参与协同工作的方法，首先需要多方协同、多专业综合实时协同设计的软件平台，同时还需要工程全过程项目信息管理的协同管理系统，两者数据实时协作，构成完整的 BIM 工作平台。

BIM 协同管理平台（图 3-21）是一个多面向的协同平台，它集成多个应用程序，使得各种建筑信息模型在同一系统内得以交流和协调。平台涵盖了数字模型的创建、协作、共享和管理，以及项目文档管理和协作审查等方面。BIM 协同管理平台的最终目标是实现各种建筑信息模型的一体化和无缝连接，以便团队成员和客户可在同一平台上共同工作和协商。

2. BIM 协同管理平台的架构

如图 3-22 所示，BIM 协同管理平台的架构主要包括以下四个方面：

1）数据管理系统

数据管理系统用于管理所有数据，包括客户端和服务器之间的交互数据、模型数据、文档数据等。该系统的主要功能是创建、存储、跟踪和更新所有相关数据，并确保数据的一致性和安全性。

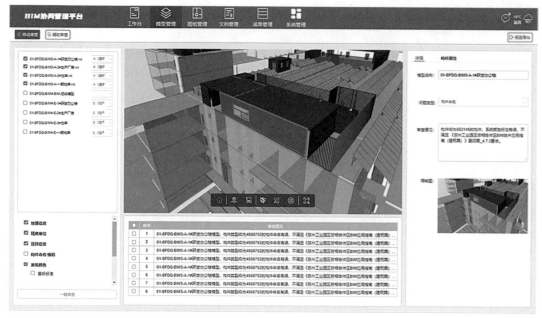

图 3-21　BIM 协同管理平台

图 3-22　BIM 协同管理平台架构

2）协作工作平台

协作工作平台对于建筑项目来说是至关重要的，它提供平台，促进团队成员之间的协作和沟通。BIM 协同管理平台的协作平台功能包括实时通信、在线会议、资源共享等。这些功能将大大提高沟通效率和解决问题的速度。

3）模型处理系统

模型处理系统是 BIM 协同管理平台的核心部分，也是最具挑战性的部分。该系统的主要功能是管理和处理所有建筑信息模型。这个系统需要支持多种资源格式和数据交换协议，如 IFC、Revit、SketchUp 等。同时，它还需要支持模型数据的转换、分析和共享等功能。

4）图形可视化系统

图形可视化系统主要用于展示和分析模型数据。该系统需要提供丰富的可视化功能，使得团队成员可以更好地理解模型数据。这些功能包括 3D 模型视图、切面视图、结构分析、虚拟现实等。

3.7.2　数字一体化设计协同管理平台应用场景

BIM 协同管理平台的开发和应用已成为数字化建筑行业的趋势，通过平台架构的完善和功能的拓展，BIM 协同管理平台可为团队协作提供更加高效的解决方案，提高建筑项目效率和质量。随着数字技术不断发展，BIM 协同管理平台将在未来实现更加高度的智能化、虚拟化及生命周期全覆盖的发展趋势。BIM 协同管理平台主要分为以下几个功能模块：

（1）项目管理模块：包括项目信息管理、项目进度管理、任务和资源分配、进度和问题跟踪、人员管理等功能，以及基于 BIM 的模型管理、仿真、模拟和分析功能（图 3-23）。

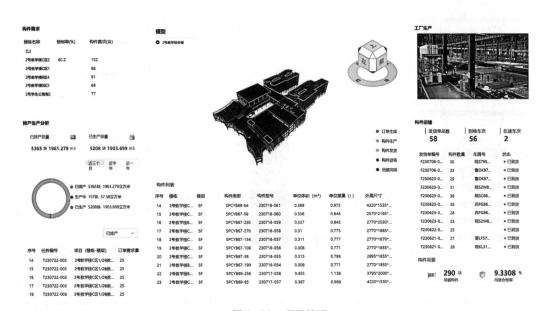

图 3-23　项目管理

（2）设计协同模块：包括图纸共享、协同设计和协同审查等设计流程的协同管理功能（图 3-24）。

（3）建造协同模块：包括施工计划、质量和安全监管等建筑工地的现场协作和管理功能（图 3-25）。

图 3-24　设计流程的协同管理

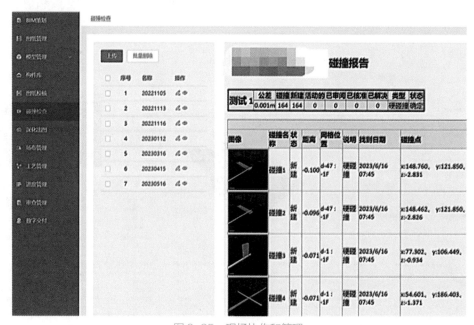

图 3-25　现场协作和管理

（4）进度管理模块：包括进度计划、进度模拟、进度对比、里程碑管理、导入/导出 Project、形象进度数据查看等功能（图 3-26）。

（5）材料管理模块：包括构件编号、生产排程、材料采购、库存管理、物流配送和消耗跟踪等功能（图 3-27）。

（6）BIM 模型审查模块：包括 BIM 审查标准、模型查看、图纸模型联动、图模一致性审查、问题追踪、审查报告等功能（图 3-28）。

（7）BIM 数字交付模块：包括图纸管理、图纸在线浏览、模型管理、模型在线浏览、图模联动、属性信息、资料分类、产品运维信息等功能（图 3-29）。

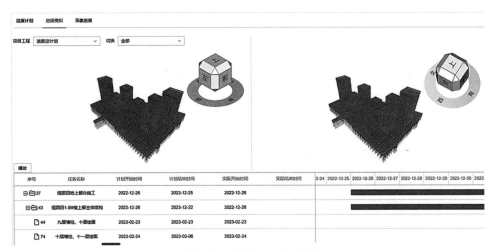

图 3-26　BIM 4D 进度管理

图 3-27　BIM 材料管理

图 3-28　BIM 模型审查

数字交付 / 建筑专业 / 地库建筑 / 停车位

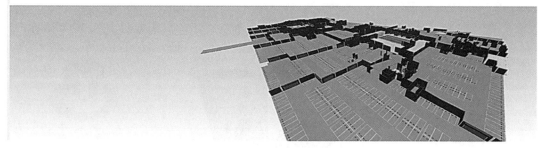

	序号	类别	保修年限	用途	单体名称	楼层名称	尺寸
☐	1	停车位-5300x2400 [...	5年	泊车标识	地库	-2F	5300×2400
☐	2	停车位-5300x2400 [...	5年	泊车标识	地库	-2F	5300×2400
☐	3	停车位-5300x2400 [...	5年	泊车标识	地库	-2F	5300×2400
☐	4	停车位-5300x2400 [...	5年	泊车标识	地库	-2F	5300×2400
☐	5	停车位-5300x2400 [...	5年	泊车标识	地库	-2F	5300×2400
☐	6	停车位-5300x2400 [...	5年	泊车标识	地库	-2F	5300×2400

图 3-29　BIM 数字交付

学习小结

　　完成本节学习后，读者应知晓数字一体化设计协同管理平台架构和应用场景，并初步了解协同管理平台各模块的功能。

知识拓展

码 3-13　数字一体化设计协同管理平台价值

习题与思考

1. 填空题

BIM 协同管理平台是一个_____的协同平台，它集成了多个应用程序，使得各种建筑信息模型可以在同一系统内得以交流和协调。平台涵盖了数字模型的_____、_____、_____和管理，以及_____管理和_____等方面。

2. 简答题

（1）描述数字—体化设计协同管理平台架构。

（2）概述数字—体化设计协同管理平台的应用功能模块。

码 3-14　习题与思考参考答案

3.8 数字一体化设计评价标准

教学目标

一、知识目标

了解数字一体化设计评价标准。

二、能力目标

学会运用评价标准对案例进行评价。

三、素养目标

1.具有良好倾听的能力，能有效地获得各种资讯；

2.能正确表达自己思想，学会理解和分析问题。

学习任务

对数字一体化设计评价标准有一个全面了解，为掌握数字一体化设计技术打下基础。

建议学时

1学时

思维导图

3.8.1 评价指标及应用

数字一体化设计评价指标是一个综合性的指标体系。数字化一体化设计是一个复杂的过程，需要从许多方面来考虑其效果和成果，不同的利益相关者对数字一体化设计的关注点可能各不相同，在评价指标的制定中应充分考虑不同的需求和利益，以实现综合评价的目标。

1. 数字化辅助设计评价指标

1）采用建筑信息模型的工程主要专业数量：考察被评价项目使用数字化设计技术的专业占比。

2）建筑信息模型的使用范围：考察被评价项目使用数字化设计技术的范围占比或面积占比。

3）建筑信息模型质量是否满足国家、地方或协会制定的相关标准：考察被评价项目标准执行情况。

4）建筑信息模型与设计文件的一致性：建筑信息模型与设计文件的一致性可以从多个方面进行评价，如范围、模型准确度、模型精细度、设计文件的各类标注文字均在模型中予以体现等。

2. 数字化深化设计评价指标

1）深化设计的专业：考察数字化深化设计的专业数量或项数占比。

2）综合深化设计成效：考察多专业综合深化设计对工程质量、工期、成本的优化，包括专业间碰撞检查、净高分析等实际成效。

3）施工过程和结果与设计文件的一致性：考察数字化设计成果对施工指导的落实程度。①严格按照施工模拟方案施工，竣工与模型完全一致，基本无差异，为优；②大致按照施工模拟方案施工，竣工与模型完全基本一致，个别节点或局部有差异，为良；③制定施工模拟方案，但未按方案施工，竣工与模型个别明显不一致，为中；④未制定施工模拟方案，模型未用于指导施工，为差。

3. 数字化辅助审查评价指标

以下各项均分为优、良、中、差四个等级，综合评价取其平均值。

1）参与审查的专业是否齐全；

2）审查意见书是否完整、详细地记录；

3）审查意见是否及时发出并得到反馈；

4）审查意见是否均已在设计文件中落实；

5）使用数字化图审技术进行 BIM 规划报建、BIM 施工图审查工作，或在报建、图审前具备数字化图审条件；

6）模型质量是否满足项目实施方案的要求；

7）模型命名、构件命名、视图命名等是否规范；

8）文件组织是否合理；

9）构件完整度、构件精细度等是否满足标准及应用需求；

10）性能化分析结果是否用于优化设计；

11）其他审查内容。

3.8.2　应用案例

1）项目名称：×× 项目。

2）应用清单：如图 3-30 所示为全生命周期 BIM 应用清单。

3）BIM 出图：机电管线综合出图、装配式构件深化出图、幕墙节点深化出图、复杂节点深化出图。

全生命周期BIM应用																								
设计阶段					施工准备阶段				土建及预埋阶段						安装及调试阶段		装饰装修阶段		竣工阶段	全过程辅助			运维阶段	
场地仿真设计	设计模型创建	方案设计辅助	设计问题检查	工程量统计辅助	BIM出图	施工现场布置	虚拟样板引路	施工推演	多算对比	一次结构深化	二次结构深化	创优深化	方案工艺模拟	无人机航拍	变更复核	机电管线综合	AR质量校核	内装深化设计	外装深化设计	数字化交付	平台支持	设备支持	推广设备	建筑运维
实景模型	全专业模型 · 参数化设计 · 采光模拟 · 疏散分析	问题检查报告	土建安装工程量统计	BIM替代出图 · BIM增补出图	大型设备路线规划 · 临建CI建设 · 安全文明施工建设	梁柱节点样板 · 模板及脚手架样板 · 屋面样板 · 成本质量样板	多算对比	钢筋节点深化 · 模板脚手架深化 · 屋面深化	ALC板砌体排砖 · 专项深化	施工方案模拟 · 节点二维码	无人机航拍	变更复核 · 碰撞检查	综合管线深化 · 洞口预留 · 支吊架深化 · 管道预制加工 · 机房深化	AR质量校核	卫生间排砖 · 吊顶龙骨深化 · 吊顶点位深化	外饰面深化 · 幕墙深化	数字化交付	BIM协同平台 · 云观摩 · 智慧工地	AR、VR · BIM智慧展厅	空间管理及追踪 · 资产设施管理 · 节能减排 · 其他				

图 3-30　全生命周期 BIM 应用清单

4）BIM 出量：通过 BIM 相关软件对钢筋进行出量，结合手工算量进行多算对比分析，实现 BIM 数字一体化出量应用，如图 3-31 所示。

土建分项工程量统计		安装分项工程量统计	
序号	可统计部分	序号	可统计部分
1	砌筑工程	1	管道 （水管、风管、桥架等）
2	混凝土工程		
3	门窗工程	2	设备 （水电、暖通、消防等）
4	屋面及防水工程		
5	楼地面装饰工程	3	管道末端 （风管末端、喷头等）
6	隔断、幕墙工程		
7	桩及桩承台基础	4	管道附件 （阀门、仪表等）

图 3-31 BIM 数字一体化出量应用

5）精装设计阶段 BIM 应用：

①第一阶段：精装方案的可行性验证。由于一次机电方案基本已经确定，精装阶段对于净高的控制主要体现在优化上，当然也要对主体、一次机电方案进行再次验证。

②第二阶段：50% 精装施工图验证。BIM 团队需要基于此版施工图加深精装模型深度，开始对构件构造空间充足性、节点可行性、机电点位布置的合理性进行验证，并对机电进行局部优化，以满足节点和机电点位对于局部空间的要求。

③第三阶段：100% 精装施工图验证。一方面是对前面工作的整理，确保大问题全部闭合；另一方面就是对细部节点进行精细化建模，验证可行性，这里节点验证的深度视业主的要求而定。

6）创优深化：

①屋面：利用 Revit 进行排砖插件，确定"1"号砖的位置。在确定方案后进行出图，并对瓷砖进行编号，确定排砖的顺序，方便后期施工。将模型导入 Lumion 进行渲染，形成最终效果图。

②卫生间：通过在 Revit 中建立参数族，对卫生间立面进行瓷砖排布模拟，对样板间墙面进行出图，辅助现场施工交底。

③走道及管井：通过管线综合交底会议进行方案取舍。

④机电管线综合：首先进行管线综合模型优化，然后用插件创建支吊架，并进行支吊架形式选择，制作支吊架深化模型。通过组织会议讨论支架安装可行性，在施工前期提出解决方案。

⑤ BIM+AR 质量复核：进行场地布置、放样、测量、定位、现场比对、隐蔽工程查看、质量验收等应用。

⑥数字化交付：根据建设工程 BIM 档案归档导则建立各阶段各专业的模型，将所涉及的参数以模型为载体进行储存，以实现数字化模型信息交付。

 学习小结

完成本节学习后，读者应知晓数字一体化设计评价指标体系，并学会运用评价标准对项目的数字一体化设计应用情况进行评价。

知识拓展

码 3-15 施工总承包项目 –BIM
技术应用评价标准表

习题与思考

1. 填空题

（1）数字一体化设计评价指标是一个_____。

（2）不同的利益相关者对数字一体化设计的关注点可能各不相同，在评价指标的制定中应充分考虑_____，以实现综合评价的目标。

2. 简答题

（1）概述数字一体化辅助设计评价指标。

（2）举例说明如何使用数字一体化设计评价标准来评价和改进数字一体化设计的实际成效。

码 3-16 习题与思考参考答案

4

部品部件
智能生产

4.1 部品部件智能生产概述

教学目标

一、知识目标

1. 熟悉部品部件智能生产的定义；

2. 了解部品部件智能生产的现状；

3. 了解部品部件智能生产的分类及应用场景。

二、能力目标

1. 能正确理解部品部件智能生产的定义；

2. 能正确说出部品部件智能生产的分类。

三、素养目标

1. 具有良好倾听的能力，能有效地获得各种资讯；

2. 能正确表达自己思想，学会理解和分析问题。

学习任务

对部品部件智能生产的定义、现状有一个全面了解，熟知部品部件智能生产的六大应用场景，为掌握部品部件工厂智能化生产打下基础。

建议学时

2 学时

思维导图

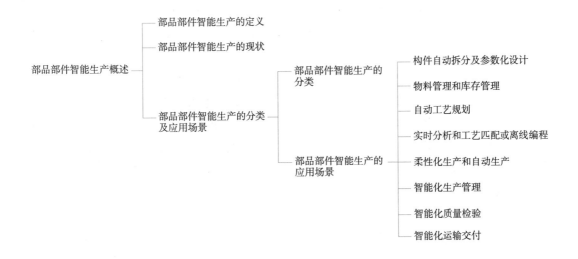

4.1.1　部品部件智能生产的定义

部品部件智能生产是综合运用物联网、大数据分析、人工智能、移动互联网、BIM、电子标签、RFID 和 GIS 等技术手段，对人员、设备、安全、质量、物料、成本、生产、环境等要素在部品部件生产和安装过程中产生的数据进行全面采集和处理，并实现数据共享与业务协同，最终实现全面感知、安全作业、智能生产、高效协作、智能决策、科学管理的智能化生产过程。部品部件智能生产技术可以用于预制混凝土结构、钢结构、木结构、模块化建筑、装配式装修、装配式机电管线等构件全过程生产、运输和装配应用。

以工业化的方式生产预制构件，生产条件可以得到充分保障，生产过程可以得到有效管理，先进设备与技术可以得到充分应用，有利于提高预制构件生产质量，进而提高建设项目质量。采用智能化的部品部件生产线还可以减轻现场作业的负担，减少人力劳动强度，进而缩短建设项目周期。

4.1.2　部品部件智能生产的现状

国外的装配式建筑发展较早。20 世纪 70 年代，苏联已有 4500 多家部品部件生产厂，同一时期，美国的配件化施工开始实施，其城市发展部对配件化施工设立了严格的标准；1891 年，法国开始实施装配式混凝土建筑的建设；20 世纪末期日本已采用了工厂化的生产方式，建立了完全适应日本市场需求的生产体系；2004 年，英国住房管理部门推动装配式建筑的应用，在当年利用非现场施工技术建造了至少 25% 新住房。

20 世纪 50~70 年代，我国装配式建筑处于探索期，发展预制构件和大板预制装配建筑，初试住宅产业化发展之路。1970年代至1980年代中期，装配式建筑处于发展期，推广了一系列新工艺，对建筑工业化发展起到了有益的推动作用。2013年以来，中央及地方政府持续出台相关政策大力推广装配式建筑，加之装配式技术发展日趋成熟，形成了如装配式框架结构、装配式剪力墙结构等多种形式的建筑技术，我国装配式建筑行业迎来快速发展新阶段。

（1）建筑装配式面积不断增加，并处于高速增长中

随着各地积极推进装配式建筑项目落地，我国新建装配式建筑规模不断壮大。自2016年以来，国家及地方层面多次出台指导性及鼓励性政策，促进装配式建筑发展。根据住房和城乡建设部数据，"十三五"期间国内累计建成装配式建筑面积达16亿平方米，年均增长率为54%。2020年全国新开工装配式建筑共计6.3亿平方米，较2019年增长50%，占新建建筑面积比例约20.5%。住房和城乡建设部2022年发布《"十四五"建筑业发展规划》，明确规定到2025年装配式建筑占新建建筑面积比例要达到30%。在这一目标基础上，2022年6月，住房和城乡建设部和国家发展改革委发布《城乡建设领域碳达峰实施方案》，明确提出到2030年装配式建筑占当年城镇新建建筑的比例达到40%。

（2）装配式项目类型结构中PC（预制装配式混凝土）结构建筑占比最大

从装配式建筑项目类型结构看，2020年我国新开工装配式混凝土结构建筑4.3亿平方米，较2019年增长59.3%，占新开工装配式建筑的比例为68.3%；2020年装配式钢结构建筑1.9亿平方米，较2019年增长46%，占新开工装配式建筑的比例为30.2%，其中，新开工装配式钢结构住宅1206万平方米，较2019年增长33%。

（3）装配式产业基地数量众多，两级基地协同发展

随着政策驱动和市场内生动力的增强，装配式建筑产业基地发展迅速。根据《住房和城乡建设部标准定额司关于2020年度全国装配式建筑发展情况的通报》，截至2020年，全国共创建国家级装配式建筑产业基地328个，占比27%；省级产业基地908个，占比73%。

（4）装配式项目地域分布区域进程稳步推进

根据《住房和城乡建设部标准定额司关于2020年度全国装配式建筑发展情况的通报》，全国31个省、自治区、直辖市和新疆生产建设兵团新开工装配式建筑共计6.3亿 m^2，较2019年增长50%，占新建建筑面积的比例约为20.5%，完成了《"十三五"装配式建筑行动方案》确定的到2020年达到15%以上的工作目标。京津冀、长三角、珠三角等重点推进地区新开工装配式建筑占全国的比例为54.6%，积极推进地区和鼓励推进地区占45.4%，重点推进地区所占比重较2019年进一步提高。其中，上海市新开工装配式建筑占新建建筑的比例为91.7%，北京市为40.2%，天津市、江苏省、浙江省、湖南省和海南省均超过30%。

（5）装配式行业竞争格局

装配式建筑产能主要分布在湖南、江苏、山东、江西等地，其中湖南省的产能占比最高，且主要是PC结构产能。这主要是因为中国最大的PC构件制造商和PC设备生产商远大住宅工业集团股份有限公司总部位于湖南长沙，为湖南省发展装配式PC建筑提供了便利条

件。根据住房和城乡建设部发布数据，2020 年湖南省装配式混凝土结构产能占比 19.8%，排名第一；江苏 11.5%，排名第二；山东 9.6%，排名第三。钢结构方面，中国装配式钢结构产能主要集中在长三角地区，其中江苏省的钢结构产能占比约为 1/5，位居首位。

（6）装配式发展展望，部品部件智能生产成为未来发展方向

随着预制构件需求量的增加，预制构件生产工艺、设备也在不断改进，生产能力不断提升，传统的生产方式正逐步被智能化设备生产方式所代替。

部品部件工厂的工业化生产效率一定程度上决定了装配式建筑的生产成本及推广速度，部品部件生产线需从传统的单一、手工等方式逐渐向智能化、信息化、多元化等方向发展。通过各设备之间的联动，进行部品部件产品资源的优化调配，使预制构件生产的各项工序更加便捷、快速，形成协同适用的标准化、协同化、工具化的支撑体系，创建良好的部品部件智能生产环境，更好辅助装配式建筑的发展。

4.1.3 部品部件智能生产的分类及应用场景

1. 部品部件智能生产的分类

部品部件生产建造通用体系（图 4-1）主要有主体结构、外围护、设备管线和内装等体系。根据结构类型和部品部件用途，还可将部品部件智能生产分为混凝土部品部件、

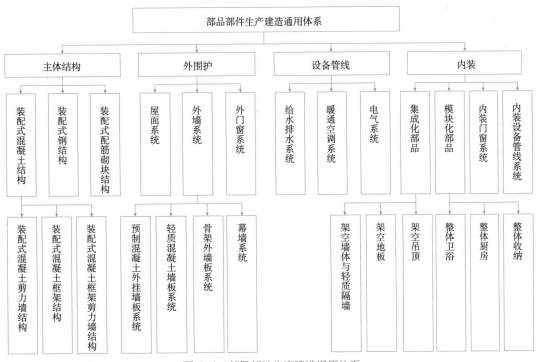

图 4-1　部品部件生产建造通用体系

钢结构部品部件、木结构建筑部品部件、铝合金部品部件、装饰装修和设备管线部品部件等。部品部件智能生产线包括预制构件、外围护部品部件、内装部品部件、厨卫部品部件、门窗、设备管线等。

2. 部品部件智能生产的应用场景

部品部件生产过程是指设计阶段之后，生产方按照设计，利用一定的生产资源（如劳动力、生产器械及生产原料等），依据规范和工艺要求，组织管理生产，最终向施工单位交付预制构件和相关材料的整个过程。

围绕部品部件的生产阶段，部品部件智能生产的应用场景有 8 个大场景和对应的 13 个小场景（表 4-1）。大场景有构件自动拆分及参数化设计、物料管理和库存管理、自动工艺规划、实时分析和工艺匹配或离线编程等。小场景有基于 BIM 的构件拆分及参数化设计、基于 BIM 的物料管理和库存管理等。

部品部件智能生产应用场景

表 4-1

应用阶段	大场景	小场景
部品部件智能生产	构件自动拆分及参数化设计	基于 BIM 的构件拆分及参数化设计
	物料管理和库存管理	基于 BIM 的物料管理和库存管理
	自动工艺规划	基于 BIM 模型和构件材料性质进行生产工艺规划
	实时分析和工艺匹配或离线编程	离线编程工艺调整和机器人路径规划
	柔性化生产和自动生产	数控加工设备
		工业机器人 / 机器臂
		整线自动化
	智能化质量检测	基于 AI/BIM/ 三维扫描 / 超声波等技术的智能质量检测
	智能化生产管理	ERP+MES 集成
		BIM+IoT 数字孪生工厂
	智能化运输交付	基于 GPS/ 北斗的智能定位系统
		智能运输
		智能仓储

（1）构件自动拆分及参数化设计

把设计结果中不利于实现的单个构件按照一定规则拆分为满足模数协调、结构承载力以及生产运输、施工要求等的多个预制构件，进行构件间连接设计和参数设计。

（2）物料管理和库存管理

基于生产计划对工厂库存进行协同管理和工厂原料管理，实现采购计划自动生成和库存量实时显示。除此之外，对已产出但尚未交付的成品构件进行存储、养护管理。合理的生产计划应在满足建设项目实施计划的前提下权衡生产效率和库存成本，实现效益最大化。

（3）自动工艺规划

将现场真实施工进度的数据导入系统内自动编制预制构件生产计划，主要包括预制构件进度计划和生产资源利用计划。

（4）实时分析和工艺匹配或离线编程

在部品部件智能生产过程中，实时分析和工艺匹配是关键的一环。借助先进的传感器和数据分析技术，生产系统能够实时收集生产过程中的各种数据，包括设备运行状态、生产进度、产品质量等。通过对这些数据的深入分析，系统能够及时发现生产过程中的问题，提出优化建议，并自动调整工艺参数，确保生产过程的顺利进行。与此同时，离线编程技术在部品部件智能生产中发挥着不可替代的作用。通过离线编程，对机器人进行编程和模拟，规划出最优的生产路径和操作顺序。这不仅可提高生产效率，还确保产品质量和生产安全。在实际生产过程中，机器人可以根据预先规划好的路径和操作顺序，自主完成各种复杂的装配任务。然而，即使是最先进的离线编程技术，也难免会遇到一些不可预见的问题。这时，就需要对工艺进行调整和机器人路径进行重新规划。通过实时的数据反馈和灵活的编程调整，部品部件智能生产系统能够迅速应对各种突发情况，确保生产过程的连续性和稳定性。

（5）柔性化生产和自动生产

通过部品部件管理平台进行以工序为核心的虚拟建造，将设计深化到工序级，进度排程精确到末位工时。按照进度排程模拟资源采购计划，通过施工模拟保证工序排程的正确性以及各工作面的合理衔接，确保物料供应与作业协调均衡，场地利用有序，工作面转换衔接顺畅，实现施工方案的合理、高效。

（6）智能化质量检验

智能化质量检验技术根据部品部件的实际形状，选择多种方式、多种现场进行测量，提高了实际操作性。在不损伤部品部件本身结构的情况下进行检测，当场即可完成检测，极大地提高了仪器的利用率和工作效率。可构建智能化质量检测间，部品部件完成后，采用传送装置输送入智能化检测间，进行非破坏性智能化检测，直接导出部品部件各相关质量检测报告。

（7）智能化生产管理

智能建造运管平台部品部件模块，打通施工现场生产和工厂制造线的双线融合，以现场施工驱动工厂生产，实时获取施工现场的需求和数据，及时调整生产计划，确保生产的高效和精准。同时，通过数字孪生工程的应用，将实现节能、环保、提质和增效，让生产更加绿色、可持续。通过现场施工，利用平台的智能分析和优化，满足个性化施工及建筑定制需求。通过平台的连接和协同，可以实现全产业链的信息共享和协同作业，提高整个产业链的生产效率和竞争力。柔性生产的应用，将使我们能够更加灵活地应对市场需求的变化，快速调整生产计划，确保生产及时和高效。

（8）智能化运输交付

利用RFID技术对预制构件进行标记，通过扫描构件RFID信息卡，完成部品部件生产、成品检查、成品入库、成品出库等过程数据的实时采集，还可以通过扫描成品部品部件二维码追溯部品部件生产过程等信息。基于GIS、BIM平台和物联网技术，实现部品部件设计、生产、运输、装配过程的信息交互和共享，完成部品部件生产信息的流转和传递。

学习小结

1. 部品部件智能生产是综合运用物联网、大数据分析、人工智能、移动互联网、BIM、电子标签、RFID和GIS等技术手段，对人员、设备、安全、质量、物料、成本、生产、环境等要素在部品部件生产和安装过程中产生的数据进行全面采集和处理，并实现数据共享与业务协同，最终实现全面感知、安全作业、智能生产、高效协作、智能决策、科学管理的智能化生产过程。

2. 根据结构类型和部品部件用途，将部品部件智能生产分为混凝土部品部件、钢结构部品部件、木结构建筑部品部件、铝合金部品部件、装饰装修和设备管线部品部件等。部品部件智能生产线包括预制构件、外围护部品部件、内装部品部件、厨卫部品部件、门窗、设备管线等。

3. 围绕部品部件的生产阶段，部品部件智能生产的应用场景有：构件自动拆分及参数化设计、物料管理和库存管理、自动工艺规划、实时分析和工艺匹配或离线编程、柔性化生产和自动生产、智能化质量检测、智能化生产管理和智能化运输交付。

知识拓展

码 4-1　部品部件智能生产关键技术的认知

习题与思考

1. 填空题

（1）部品部件智能生产运用综合运用物联网、大数据分析、_____、_____、_____、_____、_____和_____等技术手段。

（2）部品部件智能生产过程会对_____、_____、安全、_____、_____、生产、环境等要素数据进行全面采集和处理，并实现数据共享与业务协同。

（3）智能化生产过程最终实现全面感知、安全作业、_____、_____、_____、科学管理。

（4）智能化运输交付是利用＿＿＿＿＿＿对预制构件进行标记，通过扫描构件 RFID 信息卡，完成＿＿＿＿＿＿、＿＿＿＿＿＿、＿＿＿＿＿＿、成品出库等过程数据的实时采集，还可以通过扫描成品部品部件二维码＿＿＿＿＿＿＿＿＿＿＿＿＿等信息。

2. 选择题

（1）住房和城乡建设部发布《"十四五"建筑业发展规划》，明确规定到 2025 年装配式建筑占新建建筑面积比例要达到（　　　）。

A. 15%　　　　　　B. 30%　　　　　　C. 40%　　　　　　D. 50%

（2）根据《住房和城乡建设部标准定额司关于 2020 年度全国装配式建筑发展情况的通报》，（　　　）不是三大城市群重点推进地。

A. 京津冀　　　　　B. 长三角　　　　　C. 珠三角　　　　　D. 关中平原

3. 简答题

（1）概述部品部件智能生产发展趋势。

（2）请图示部品部件智能生产的分类。

（3）围绕部品部件的生产阶段，请简述部品部件智能生产的应用场景。

码 4-2　习题与思考参考答案

4.2 构件自动拆分及参数化设计系统

教学目标 📖

一、知识目标

1. 了解构件自动拆分及参数化设计系统；
2. 理解构件自动拆分的目的。

二、能力目标

1. 能正确说出构件拆分的定义；
2. 能正确说出构件拆分类型；
3. 能正确画出构件自动拆分流程图。

三、素养目标

1. 具有良好倾听的能力，能有效地获得各种资讯；
2. 能正确表达自己思想，学会理解和分析问题。

学习任务 🗔

对部品部件智能生产的构件自动拆分及参数化设计系统有所了解，知晓基于BIM的构件自动拆分及参数化设计应用流程，为掌握部品部件工厂智能化生产打下基础。

建议学时 ⊡

2 学时

思维导图

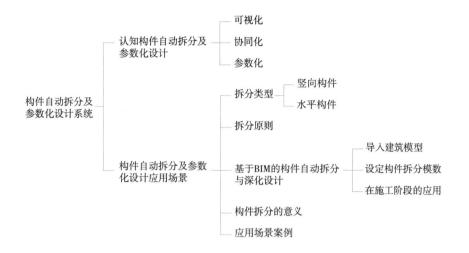

4.2.1 认知构件自动拆分及参数化设计

构件拆分是指把建筑设计结果中不利于实现的单个构件按照一定规则拆分为满足模数协调、结构承载力以及生产运输、施工要求的多个预制构件，并进行构件间连接设计的过程。构件拆分是深化设计中一项关键工作，其拆分形式对生产、运输、施工都会造成影响，例如预制构件的重量及大小直接影响到运输及吊装设备的选取。

构件自动拆分及参数化设计是指利用 BIM 软件（包括内梅切克 Planbar、天宝 Trimble、PKPM-PC 等）从可视化、协同化、参数化三方面使部品部件达到自动拆分目的。

（1）可视化：利用 BIM 的三维可视模型，形象、直观地表达构件信息，对墙板拆分的合理性、正确性、完整性、一致性进行审核。

（2）协同化：结合土建、装修、部品设计的要求灵活调整拆分形式，协调各专业高效开展工作，设计深化、修改实时联动更新，很大程度上避免了人为沟通不及时带来的设计错漏。

（3）参数化：利用 BIM 的参数标准化设置对结构进行自动拆分，比如节点宽度、构件超限设置、拼缝设置等，有效规避人为拆分可能造成的墙体过短、构件过重等问题，通过软件提前检测组装过程中的钢筋碰撞等问题。

目前基于 BIM 技术的构件自动拆分及参数化设计主要通过内梅切克 Planbar、Tekla 等软件实现。其中，内梅切克软件来自德国，德国装配式住宅的发展速度和高度均处于世界领先地位，先进的机械制造业为其装配式住宅发展保驾护航。

在实际应用 BIM 技术对装配式住宅结构进行自动拆分前，首先需将装配式住宅的常用节点、钢筋信息、埋件信息、构件参数等数据，根据结构设计规范以及施工工法进行整理归纳，总结出适用于自动化拆分的数据库。在三维精确建模的前提下，对墙板间的

L形、T形、一字形节点一键拆分,使每块叠合墙板的构件尺寸、重量、结构、配筋合理,并根据数据库中信息提示不规则、难以拆分的墙体,使设计人员能在第一时间发现并调整。

BIM技术用三维可视化设计替代传统的二维构件设计,保证构件之间的开槽、洞口连贯,并采用标准化的设计族插入模型应用,构件图设计阶段仅需将三维构件图导出二维图形,经过简单处理补充,即可完成构件的平、立、剖视图,大幅度降低了繁琐的二维设计过程,且能保证各视图间的一一对应关系。

4.2.2 构件自动拆分及参数化设计应用场景

1. 拆分类型

根据国内现阶段应用较成熟的装配式体系,建筑工程中需拆分的构件主要包括以下两种形式(图4-2)。

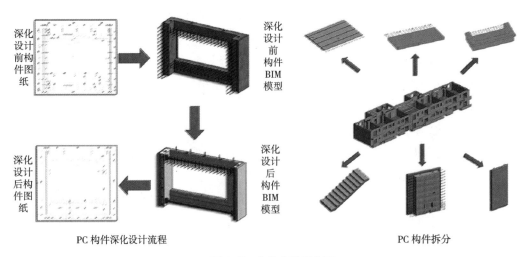

PC构件深化设计流程 PC构件拆分

图4-2 构件自动拆分图

(1)竖向构件,包括全预制剪力墙、PCF(预制装配式外挂)墙板、夹心保温墙板、叠合板式剪力墙、女儿墙、预制柱、外挂墙板、预制飘窗等。

(2)水平构件,包括叠合楼板、叠合梁、全预制梁、叠合阳台板、全预制空调板、全预制楼梯等。

2. 拆分原则

(1)受力合理,结构平面布置宜规则、均匀;平面长宽比不宜过大。

（2）构件划分应遵循的原则为：受力合理、连接简单、施工方便、少规格、多组合。例如，预制叠合梁在截面相同的情况下，对长度进行归并，减少预制叠合梁的种类。

（3）结构竖向布置宜规则、均匀，竖向抗侧力构件的截面尺寸和材料宜自下而上逐渐减小，避免抗侧力结构的侧向刚度和承载力在竖向发生突变，承重构件宜上下对齐，结构侧向刚度宜下大上小。

（4）满足制作需求，构件划分时需要设置好预留孔洞，避免现场开凿，例如预制板上风管穿过，需要预留洞口。

（5）满足吊装需求，构件上零件可以有多种用途，例如预制墙板上脱模吊点和临时支撑孔可以选用相同规格的螺栓。

（6）立面的预制构件需要考虑安装面的不同，在工程中应设置好定位参照，避免装反，例如现场安装预制内墙板时，可以在墙下设置好定位钢筋，避免墙体安装错误；拆分后的结构施工图应该包含构件的平面、立面视图，各种构件的连接节点详图，构件详图中还应该标注其他专业所需的预留洞口、预埋件。

3. 基于 BIM 的构件自动拆分与深化设计

基于 BIM 技术的构件自动拆分与深化设计具体步骤如下（图 4-3）：

第一步，导入建筑模型，并利用结构计算分析软件对结构模型（包括现浇梁板柱）中的信息进行详细解析。通过运用建模软件如 Revit 的钢筋 API、Dynamo 等工具，获取预制构件的钢筋信息及其轮廓，并据此合理布置埋件。当现浇部分的钢筋信息获取完毕后，即可形成现浇部分。再利用智能预制构件 IPC 在 Tekla 软件中进行转化，从而得到墙板的轮廓布置以及埋件的布置方案。

第二步，设定构件的拆分模数，并创建少量的特殊构件族。随后，多专业团队将协商制定详细的拆分规则，并据此进行预制构件的拆分工作。此阶段将生成构件详图、平面布置图等必要图纸，确保模型精度满足施工方的要求。接下来，将模型导入 Navisworks

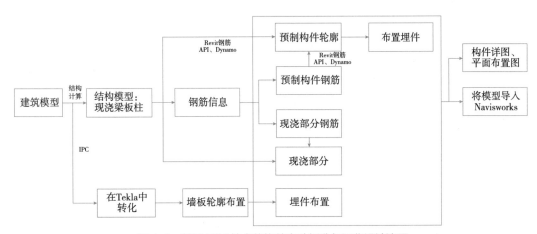

图 4-3 基于 BIM 技术的构件自动拆分与深化设计流程

软件，以生成多种格式的三维可视化和仿真设计模型。在此过程中，运用 Revit 的二次开发功能以及深化设计软件，实现模型的自动拆分与深化设计，从而提高设计效率并确保设计准确性。

第三步，在施工阶段，经过拆分后的模型不仅能够将结构模型进行拆分，还融入了节点信息和构造信息。这使得模型能够指导现场构件的安装工作，并进行进度模拟。

基于 BIM 的构件自动拆分与深化设计，集成了建筑项目所有信息的数字模型。通过 BIM 模型，不仅掌握包括几何尺寸、材料属性等基本信息，还包括施工过程中的各种参数，如安装位置、连接方式、施工顺序等。通过准确的构件模型信息，可以大大提高施工精度和效率，减少错误和返工。基于 BIM 模型达成可视化引擎作用，可以在项目的整个生命周期中提供全面、一致的信息支持。可视化引擎则能够将 BIM 模型转化为三维图形，更直观地了解建筑的结构、外观和功能。通过可视化引擎，建筑师、工程师、施工人员等各方可以更好地沟通和协作，确保项目的顺利进行。通过 BIM 模型，在制造加工全过程中，可以精确地进行预制构件设计和制造，实现预制构件的标准化和工厂化生产。同时，BIM 模型还可以提供施工过程中的实时监控和数据分析，及时发现和解决问题，确保施工质量和安全。通过 BIM 技术，可以实现对项目质量与安全信息的全面管理。质量检测数据、安全隐患排查、安全事故处理等方面的信息都可以被集成到 BIM 模型中，方便实时查询和分析，提高项目管理的效率，及时发现和解决潜在的质量与安全风险，保障项目顺利进行（图 4-4）。

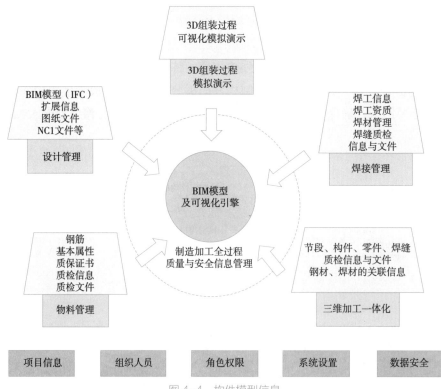

图 4-4　构件模型信息

4. 构件拆分的意义

基于 BIM 技术，对 PC 构件进行深化设计，提前解决 PC 构件在施工过程中可能会出现的问题，优化构配件排布；深化设计完成后形成相应的标准化族库，输出施工图纸，用于 PC 构件生产及现场施工，有效提高施工效率，减少返工，节省工期。

5. 应用场景案例

某项目建立预制构件部品库，通过对 BIM 模型进行搭建，并按标准构件进行拆分（图 4-5、图 4-6）。PC 生产厂家至少对 PC 构件涉及的内墙、外墙、叠合板、凸窗等构件开展深化设计，将拆分后的标准构件导入文档管理平台。

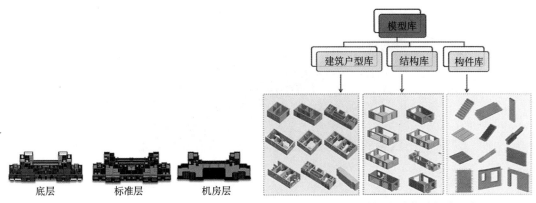

底层　　　　标准层　　　　机房层

图 4-5　按照标准结构拆分设计　　　　　图 4-6　按照标准构件拆分设计

建立项目工程预制构件模型库，并以构件分级方式存储 PC 构件模型（图 4-7）。

板构件　　　　剪力墙　　　　填充墙

图 4-7　构件分级方式存储

一级构件：包含所有相关的诠释资料与技术性信息，足以辨别出实物的类型及构件材质（本级别装配式构件对比现浇同类构件需增加剪力槽等装配式信息）（图 4-8）。

二级构件：包含所有相关的诠释资料与技术性信息，并包含设计信息中钢筋等细部信息（图 4-9）。

图4-8 一级构件

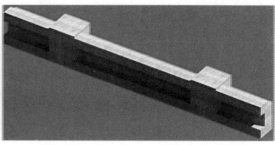

图4-9 二级构件

三级构件：装配式结构中的预制构件（组件），达到预制工厂生产和施工安装的深度要求，如预制混凝土结构外墙需要对预埋钢筋连接方式等进行详细表达（图4-10）。

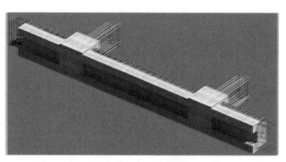

图4-10 三级构件

 学习小结

1. 构件拆分是指把设计结果中不利于实现的单个构件按照一定规则拆分为满足模数协调、结构承载力以及生产运输、施工要求的多个预制构件，并进行构件间连接设计的过程。

2. 构件自动拆分及参数化设计是指利用BIM技术从可视化、协同化、参数化三方面使部品部件达到自动拆分目的。

3. 建筑工程中装配式体系需要拆分的构件有：①竖向构件，包括全预制剪力墙、PCF墙板、夹心保温墙板、叠合板式剪力墙、女儿墙、预制柱、外挂墙板、预制飘窗等；②水平构件，包括叠合楼板、叠合梁、全预制梁、叠合阳台板、全预制空调板、全预制楼梯等。

4. 按照受力合理、连接简单、施工方便、少规格、多组合、制作需求、吊装需求、安装面等原则拆分构件。

知识拓展

码 4-3　某住宅小区项目构件拆分应用案例

习题与思考

1. 填空题

（1）按照一定的规则，把设计结果中不利于实现的单个构件拆分成多个预制构件，需要满足 _____、_____以及生产运输施工等要求。

（2）构件自动拆分及参数化设计是利用 BIM 软件从 _____、_____、_____三方面使部品部件达到自动拆分的目的。

（3）根据现阶段在国内应用较成熟的装配式体系，建筑工程中需要拆分的构件主要包括 _____和_____。

2. 选择题

（1）现阶段在国内应用较成熟的装配式体系，建筑工程中需要拆分的竖向构件不包括（　　）。

A. 夹心保温墙板　　　　　　　　　　B. 叠合板式剪力墙

C. 预制柱　　　　　　　　　　　　　D. 叠合楼板

（2）构件拆分是深化设计中一项关键工作，拆分形式对（　　）不会造成影响。

A. 生产　　　　　　B. 运输　　　　　　C. 施工　　　　　　D. 人

3. 简答题

（1）简述构件拆分的原则。

（2）绘制构件自动拆分流程图。

码 4-4　习题与思考参考答案

4.3　物料管理和库存管理系统

教学目标

一、知识目标

1. 了解物料管理系统;
2. 了解库存管理系统。

二、能力目标

1. 能正确使用物流管理系统获取 BOM 清单;
2. 能正确使用库存管理系统查找构件入库、出库、存放位置等信息。

三、素养目标

1. 具有良好倾听的能力,能有效地获得各种资讯;
2. 能正确表达自己思想,学会理解和分析问题。

学习任务

　　对部品部件智能生产的物料管理和库存管理系统有所了解,知道基于 BIM 的物料管理和库存管理的应用场景,为掌握部品部件工厂智能化生产打下基础。

建议学时

　　1 学时

思维导图

4.3.1 认知物料管理和库存管理

1. 物料管理

BIM 技术在现代建筑行业中扮演着越来越重要的角色，而 BOM（Bill of Material）作为物料清单，在部品部件智能生产的过程中更是不可或缺的一环。通过 BIM 生成 BOM，可以更加精准地掌握建筑项目中所需的各种物料信息，从而更好地进行生产和施工。部品部件的物料种类繁多，包括混凝土、钢筋、预埋件、辅材等。这些物料在生产过程中扮演着不同的角色，但它们都是构成建筑成品的重要元素。通过 BIM 生成的 BOM，可以清晰了解到每个部品部件所需的物料种类、数量、规格等信息，从而更好地进行物料采购、库存管理、生产计划安排等工作。狭义的 BOM 是指物料清单，是用数量记录输入作业中的物料和输出物料之间关系的清单。广义的 BOM 是产品结构和工艺流程的结合体，是产品对象的属性集合。装配式 BOM 清单是一种特殊的 BOM 清单，它对产品的装配过程进行了详细描述，包括每个部件的位置、数量和顺序等信息。BOM 可帮助工厂快速地组装产品，提高生产效率。

装配式物料清单主要包括以下几个方面：

1）产品的结构：产品的结构是指产品的各个部件之间的关系和连接方式。通过产品结构，确定每个零部件在产品中的位置和作用。

2）零部件列表：零部件列表包括所有需要用到的零部件和原材料。每个零部件都有唯一的编号和描述信息，以便于识别和区分。

3）件号：件号是每个零部件的唯一标识符，可帮助工厂快速地找到所需零部件。

4）数量：数量是指每个零部件在产品中出现的次数，可帮助工厂计算出每个零部件需要的数量，以便于采购和库存管理。

5）顺序：顺序是指每个零部件在装配过程中出现的先后顺序，可帮助工厂确定装配顺序，避免装配顺序错误导致产品无法正常使用。

2. 库存管理

预制构件通常具有较大的质量及体积，需要对其库存堆放进行合理的规划，以便于预制构件定位及存取，库存规划主要内容包括物资出入库计划、物资保管计划、物料及设备维护计划等。

4.3.2 物料管理和库存管理应用场景

基于 BIM 的物料管理（图 4-11）和库存管理，是通过对构件 BIM 模型构件拆分，一键导出构件所需要的物料，并依据订单管理系统，对预制构件的主材、辅材、预埋件自动化生成物料清单。

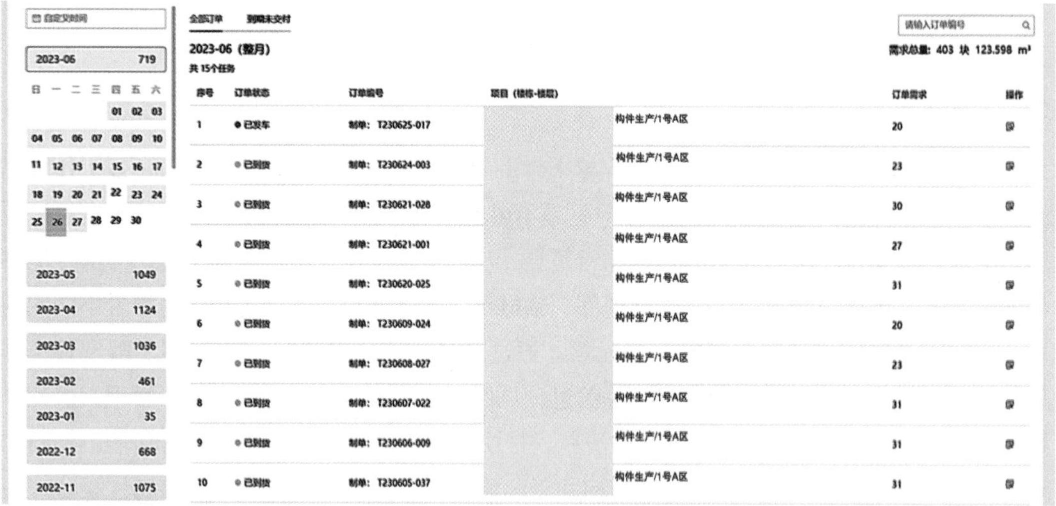

图 4-11 基于 BIM 的物料管理

在 BIM 的工厂库存管理系统里（图 4-12），通过二维码技术，库存管理人员可查看仓库中的构件位置平面图、构件数量、构件出厂日期等，借助这些信息，对构件入库、出库、存放位置等进行管理，避免了传统库存管理中构件查找困难，查找缓慢的现象，提高了仓库管理效率。

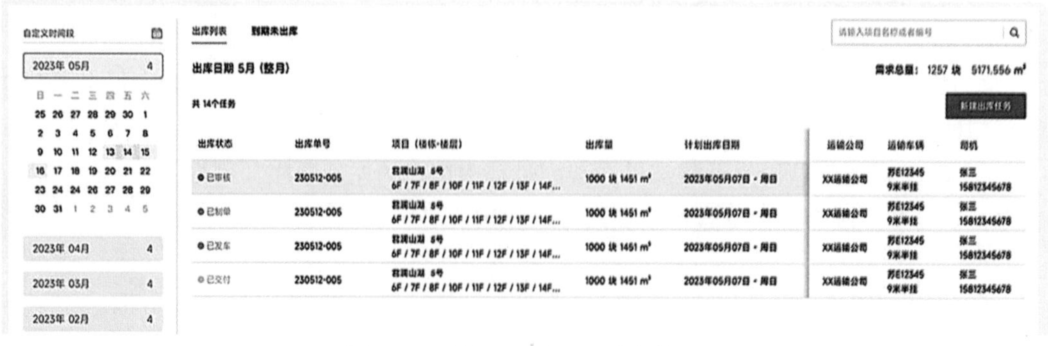

图 4-12 基于 BIM 的工厂库存管理

学习小结

1. BOM（Bill of Material）是物料清单，部品部件的物料种类繁多，包括混凝土、钢筋、预埋件、辅材等。通过 BIM 生成的 BOM，可以清晰了解每个部品部件所需的物料种类、数量、规格等信息，从而更好地进行物料采购、库存管理、生产计划安排等工作。狭义的 BOM 是指物料清单，是用数量记录输入作业中的物料和输出物料之间关系的清单。广义的 BOM 是产品结构和工艺流程的结合体，是产品对象的属性集合。

2. 装配式物料清单主要包括产品的结构、零部件列表、件号、数量、顺序。

3. 预制构件通常具有较大的质量及体积，需要对其库存堆放进行合理的规划，以便于预制构件定位及存取。

知识拓展

码 4-5　某公司 5G 智慧工厂

习题与思考

1. 填空题

（1）BOM 是_____，在生产过程中，通过对比 BOM 和实际使用的物料，企业可以及时发现和解决生产中的问题，确保产品质量和生产效率。

（2）装配式 BOM 清单是一种特殊的 BOM 清单，它对产品的装配过程进行了详细的描述，包括了每个部件的_____、_____和_____等信息。

（3）库存规划主要内容包括_____、物资保管计划、_____等。

2. 判断题

码 4-6　习题与
思考参考答案

（1）件号是每个零部件的唯一标识符。（　　　）

（2）预制构件通常不具有较大的质量及体积，不需要对其库存堆放进行合理的规划。（　　　）

3. 简答题

（1）简述装配式 BOM 清单的产品结构。

（2）请介绍基于 BIM 的部品部件库存管理平台。

4.4 自动工艺规划系统

教学目标

一、知识目标

1. 了解部品部件智能生产的自动工艺规划系统；
2. 了解基于 BIM 的自动工艺规划。

二、能力目标

1. 能正确说出自动工艺规划系统；
2. 能正确说出基于 BIM 的自动工艺规划。

三、素养目标

1. 具有良好倾听的能力，能有效地获得各种资讯；
2. 能正确表达自己思想，学会理解和分析问题。

学习任务

对部品部件智能生产的自动工艺规划系统有一个全面了解，知晓基于 BIM 的自动工艺规划流程，为掌握部品部件工厂智能化生产打下基础。

建议学时

1 学时

思维导图

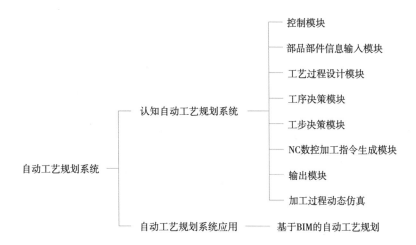

4.4.1　认知自动工艺规划系统

自动工艺规划（Computer Aided Process Planning，CAPP）是通过向计算机输入加工部品部件的原始数据、加工条件和加工要求，由计算机自动地进行编码、编程，直至最后输出经过优化的工艺规程卡片的过程。

CAPP 系统基本的构成包括：

（1）控制模块。控制模块的主要任务是协调各模块的运行，是人机交互的窗口，实现人机之间的信息交流，控制部品部件信息的获取方式。

（2）部品部件信息输入模块。当部品部件信息不能从 CAD 或 BIM 系统直接获取时，用此模块实现部品部件信息的输入。

（3）工艺过程设计模块。工艺过程设计模块进行加工工艺流程的决策，产生工艺过程卡，供加工及生产管理部门使用。

（4）工序决策模块。工序决策模块的主要任务是生成工序卡，对工序间尺寸进行计算，生成工序图。

（5）工步决策模块。工步决策模块是对工步内容进行设计，确定切削用量，提供形成 NC（Numerical Control）数控加工控制指令所需的刀位文件。

（6）NC 数控加工指令生成模块。NC 数控加工指令生成模块依据工步决策模块所提供的刀位文件，调取 NC 数控指令代码系统，产生 NC 数控加工控制指令。

（7）输出模块。输出模块可输出工艺卡、工序卡、工步卡、工序图及其他文档，输出模块可从现有工艺文件库中调出各工艺文件，利用编辑工具对现有工艺文件进行修改，得到所需的工艺件。

（8）加工过程动态仿真。加工过程动态仿真对所产生的加工过程进行模拟，检查工艺的正确性。

4.4.2 自动工艺规划系统应用

自动工艺规划（CAPP）是利用计算机来进行部品部件加工工艺过程的制定，把毛坯加工成工程图纸上所要求的零件。它是通过向计算机输入加工零件的几何信息（形状、尺寸等）和工艺信息（材料、热处理、批量等），由计算机自动输出部品部件的工艺路线和工序内容等工艺文件的过程。

自动工艺规划共分为5步：

（1）输入产品图纸信息；

（2）拟定工艺路线和工序内容；

（3）确定加工设备和工艺装备；

（4）计算工艺参数；

（5）输出工艺文件。

采用 BIM 技术，可以实现自动工艺规划相关功能（图 4-13），对生产和加工过程进行全程模拟。通过工艺管理模块对生产工艺进行控制管理，汇总规划模块制订生产计划。通过仿真建模模块，建立部品部件的生产系统仿真模型。通过工艺优化模块结合精益生产的管理，优化仿真模型的生产工艺。通过分析处理模块对运行结果进行数据分析，得出最优生产方案。

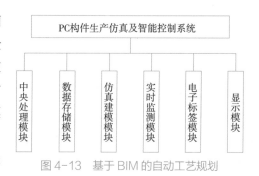

图 4-13　基于 BIM 的自动工艺规划

通过显示模块使用户可以更为直观地对仿真生产过程进行观察了解。通过数据存储模块为仿真生产过程提供相应的生产工艺仿真情景。通过沉浸式体验设备为用户提供沉浸式体验以及第一视角可视化和情景模拟（图 4-14）。

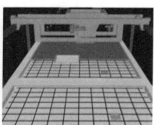

图 4-14　基于 BIM 技术的部品部件自动生产工艺模拟

学习小结

1. 自动工艺规划（CAPP）是通过向计算机输入被加工部品部件的原始数据、加工条件和加工要求，由计算机自动地进行编码、编程，直至最后输出经过优化的工艺规程卡片的过程。

2. CAPP 系统基本的构成包括控制模块、部品部件信息输入模块、工艺过程设计模块、工序决策模块、工步决策模块、NC 数控加工指令生成模块、输出模块和加工过程动态仿真。

知识拓展

码 4-7　某装配式项目施工模拟

习题与思考

1. 填空题

（1）在 CAPP 系统中，当部品部件信息不能从 CAD 或 BIM 系统直接获取时，用＿＿＿＿＿＿模块实现部品部件信息的输入。

（2）在 CAPP 系统中输出模块可输出＿＿＿、＿＿＿、＿＿＿、工序图及其他文档。

码 4-8　习题与
思考参考答案

（3）采用 BIM 技术，能实现 CAPP 自动工艺规划的功能。通过＿＿＿，使用户可以更为直观地对仿真生产过程进行观察了解。

2. 判断题

（1）自动工艺规划只需向计算机输入被加工零件的形状、尺寸等几何信息，计算机就可以自动输出部品部件的工艺路线和工序内容等工艺文件。（　　）

（2）采用 BIM 技术，可以实现 CAPP 对生产和加工过程进行全程模拟。（　　）

3. 简答题

（1）简述自动工艺规划（CAPP）系统的基本构成内容。

（2）自动工艺规划系统有哪些应用？

4.5 柔性化生产和自动生产

教学目标

一、知识目标

1. 了解部品部件智能生产的柔性化生产和自动生产；

2. 了解部品部件智能生产线模具选型；

3. 了解部品部件智能生产线设备。

二、能力目标

1. 能正确说出预制构件生产线组成；

2. 能正确说出智能生产线布置的原则。

三、素养目标

1. 具有良好倾听的能力，能有效地获得各种资讯；

2. 能正确表达自己思想，学会理解和分析问题。

学习任务

对部品部件智能生产的柔性化生产和自动生产有一个全面了解，知晓柔性化生产和自动生产的关键技术点、生产原则、生产线组成等，熟知柔性化生产和自动生产的应用，为掌握部品部件工厂智能化生产打下基础。

建议学时

1 学时

思维导图

柔性化生产和自动生产 ─┬─ 认知柔性化生产和自动生产 ─┬─ 模具选型
　　　　　　　　　　　　　　　　　　　　　　　　├─ 预制构件生产线组成及特点
　　　　　　　　　　　　　　　　　　　　　　　　├─ 生产线布置的原则
　　　　　　　　　　　　　　　　　　　　　　　　└─ 预制构件生产线主要设备
　　　　　　　　　　　└─ 柔性化生产和自动生产应用 ─┬─ 组成部分及功能
　　　　　　　　　　　　　　　　　　　　　　　　├─ 主要规格及技术参数
　　　　　　　　　　　　　　　　　　　　　　　　├─ 设备相关数据
　　　　　　　　　　　　　　　　　　　　　　　　└─ 铝门窗框生产线产能分析

4.5.1　认知柔性化生产和自动生产

1. 模具选型

生产预制构件第一步便是模具选型，模具需具有可拆卸和灵活拼装的特点。如图 4-15 所示四种预制构件模具，这些模具可根据不同尺寸的构件进行拆分和组装，最少实现 20 种以上不同尺寸的预制构件生产，实现柔性生产。避免一种模具只生产一种尺寸构件和一种类型构件，减少成本和能耗管理，实现效益最大化。

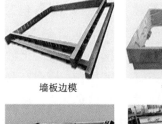
墙板边模

窗户模具

楼梯模具

阳台模具

图 4-15　预制构件模具

2. 预制构件生产线组成及特点

预制构件生产线能够实现住宅预制构件的批量生产，使传统的工地现浇式分散工作，转移到工厂预制加工，然后运输到工地，很大程度节省了人力物力，也使得建筑施工流程更加的简洁规范，提高工作效率。

（1）预制构件生产线组成

1）预养护系统：由钢结构支架、保温层、自动门、蒸汽管道、控制系统等组成；

2）预养护温控系统：由电气控制系统、温度传感器、控制阀门等部分组成。

（2）系统设备特点

1）温度自动调节，模台运行、通道门开闭自动完成；

2）通道和门有保温措施，减少热量损失；

3）控制部分与立体蒸养窑集成，实现蒸养过程的集中控制；

4）系统采用干热预养方式，加热介质为蒸汽；

5）预养通道高度设计合理，能够满足检修需要。

3. 生产线布置的原则

生产线布置应贯穿精益生产的理念。做到布局合理、流畅、安全经济，实现物料搬运成本最小化、有效利用空间和劳动力。

1）方便流畅原则：各工序有机结合，相关联工序集中放置，流水化布局。

2）短距离原则：减少搬运，避免流程交叉，保证直线运行。

3）平衡均匀原则：工位之间资源配置、速率配置平衡。

4）固定循环原则：固定工位，减少如搬运等无价值行为。

5）安全合规原则：模台运行、物体起运要设置安全保险装置。

6）经济产量原则：适应小批量生产，尽可能利用车间空间。

7）硬件防错原则：从生产线硬件设计与布局上预防错误，减少生产损失。

8）柔韧性原则：对生产线预留柔性发展空间。

4. 预制构件生产线主要设备

预制构件生产线主要设备包括中控系统（图4-16）、12m×3.5m模台（图4-17）、地面行走轮、模台驱动轮、感应防撞装置、混凝土输送机、混凝土布料机、振动台、养护仓、模台存取机、预养护系统、立起机、构件运输车、边模输送机、升降式摆渡车、打磨修光机、表面拉毛机、振动赶平机、清扫机、喷油机、数控画线机、混凝土输送轨道等。

中控系统对整个工厂的生产进行协调控制，发送绘图数据、布料数据、控制养护库温度数据，实时显示每个模台构件在库时间、各个设备的工作状态、故障报警部位。

图4-16　中控系统

4.5.2　柔性化生产和自动生产应用

某铝合金门窗生产线（图4-18）采用智能自动控制系统，模具在生产线上按设定的节拍沿轨道自动运行，充分利用现有机械技术和微电脑控制、检测技术，以工业微电脑处理为中心，流水线根据施工作业流程，通过工业微电脑控制传动机械设备，由传动机械设备控制模型流动，人员岗位基本不变动。

1. 模台

精度：± 1mm/3m
长度：12000mm
宽度：3500mm
高度：250mm
最大有效负载：650kg/m²

2. 地面支撑轮

直径：180mm
负荷：≤ 4t

3. 模台行走驱动器

设备功率：1.5kW
运行速度：0~15m/s

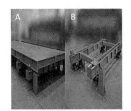

4. 振捣密实系统

A. 机械式振捣系统　B. 高频振捣系统

振动频率：20~50Hz　频率：150~200Hz
设备功率：15kW　　设备功率：18kW
振动时间：≤ 100s　振动时间：≤ 30s

5. 数控自动布料系统

设备功率：15kW
料斗容量：1.8m³
布料速度：0.3~0.7m³/min
单位布料宽度：150mm
布料量误差：≤ 1%

6. 摆渡移位车

设备功率：12kW
起重负荷：30t
移动速度：0~10m/min

7. 侧立脱模机

设备负荷：30t
设备功率：15kW
旋转角度：75°

8. 翻转叠合机

设备功率：35kW
起重负荷：20t
旋转角度：180°
叠合高度：200~300mm

9. 立体养护库及装窑车

设备功率：100kW
模台数量：56 片
进出时间：≤ 8min
起重载荷：40t

10. 模台清扫装置

设备功率：7.5kW
清扫宽度：3500mm
运行速度：5~15m/min

11. 隔离剂喷涂机

设备功率：1kW
清扫宽度：3500mm
运行速度：5~15m/min

12. 抹平及收光装置

设备功率：3kW
行走速度：0~20m/s
抹平转速：15~60 转 /min
高度范围：100~400mm

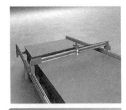

13. 图纸喷绘仪及边模自动放置系统

设备功率：3kW
打印范围：3.5m × 12m
X 轴速度：5m/min
Y 轴速度：5m/min

14. 混凝土输送小车

装料容量：1.6m³
行走速度：10~25m/min

15. 搅拌站

图 4-17　模台

137

1. 组成部分及功能（图4-19）

1）同步带上料架部分：主要用于存放待切割的型材，可同时存放8支型材。

2）上料机械手传动部分：完成型材的夹紧输送。

3）切割主机：完成型材两端45°的切割。

4）牵引机械手1号、2号、3号、4号：完成型材的传送和工位之间的转运。

5）型材右端加工部分：加工型材右端注胶孔、螺钉孔。

6）框固定孔加工部分：配置有6组钻铣机头，可一次加工6个安装孔，也可分两次或多次加工6个以上的安装孔。

7）型材左端加工部分：加工型材左端注胶孔、螺钉孔。

8）打印贴标部分：将每支型材的信息打印到不干胶标签上，自动粘贴到型材上表面。

框生产线为自动化生产模式，多个工位可以同时存在加工的型材。

图4-18 某铝合金门窗生产线

图4-19 铝合金门窗生产线组成部分

2. 主要规格及技术参数

1）型材截面宽度：100mm

2）型材截面高度：145mm

3）加工长度范围：360~5300mm

4）加工长度精度：±0.1mm/1000mm

5）切割角度精度：±5′

6）中梃螺钉连接孔或激光画线间距：最小400mm

7）框固定孔间距：最小280mm

8）可加工型材结构要素

9）两端45°切割

10）两端注胶孔

11）两端角码螺钉孔

12）排水孔（明排、隐排、外开排水）

13）中梃安装螺钉孔或画中梃安装标志线

14）框固定孔

3. 设备相关数据（图4-20）

1）电源：三相四线 380V50Hz

2）钻孔或铣削主轴转速：3000~9000r/min

3）钻孔或铣削主轴功率：3kW

4）气压：0.5~0.8MPa

5）耗气量：240L/min

6）总功率：约87kW

7）总质量：约17t

8）外形尺寸：30.1m × 3.85m × 2.1m

图4-20 生产设备

4. 铝门窗框生产线产能分析（表4-2）

铝门窗框生产线产能   表4-2

智能生产线设备操作人员	1人（普工）
平均加工时间	≤ 22s/ 支
工作效率	按每天工作 10h 计算得：10 × 60 × 60 ÷ 22=1636 支
每天完成窗框樘数	1636 ÷ 4=409 樘
每天完成面积	按 1.5m × 1.5m 标准计算：450 × 1.5 × 1.5 ≈ 920m²

 学习小结

1. 预制构件生产线预养护系统由钢结构支架、保温层、自动门、蒸汽管道、控制系统等组成。

2. 预制构件生产线预养护温控系统由电气控制系统、温度传感器、控制阀门等部分组成。

3. 生产线布置遵循方便流畅、短距离、平衡均匀、固定循环、安全合规、经济产量、硬件防错及柔韧性原则。

4. 某铝合金门窗生产线实现了自动化生产，通过引入智能生产设备，实现人机协同，提升该生产线效率。

知识拓展

码 4-9 3D 打印技术在建筑部品部件智能生产的应用

习题与思考

1. 填空题

（1）生产预制构件第一步便是模具选型，模具需具有_____和_____的特点。

（2）预制构件生产线设备全自动 PC 构件生产线由_____和_____组成。

（3）中控系统对整个工厂的生产进行协调控制，发送绘图数据、_____、_____，实时显示每个模台构件在库时间、各个设备的工作状态、故障报警部位。

2. 判断题

（1）部品部件智能生产流水线根据施工作业流程，通过工业微电脑控制传动机械设备，由传动机械设备控制模型流动，人员岗位随时变动。（　　　）

（2）中控系统可以实时显示每个模台构件在库时间、各个设备的工作状态、故障报警部位。（　　　）

3. 简答题

（1）简述生产线布置的原则。

（2）分析铝合金门窗智能生产线产能情况。

码 4-10　习题与思考参考答案

4.6 智能化生产管理

教学目标 📖

一、知识目标

1. 了解部品部件的智能化生产管理；

2. 了解装配式构件生产信息管理系统（PCIS）。

二、能力目标

1. 能正确列出部品部件厂装配式构件生产信息管理系统（PCIS）组成；

2. 能正确说出制造执行系统（MES）的应用。

三、素养目标

1. 具有良好倾听的能力，能有效地获得各种资讯；

2. 能正确表达自己思想，学会理解和分析问题。

学习任务 📄

对部品部件的智能化生产管理有一个全面了解，熟知智能化生产管理的核心模块，了解智能化生产管理的案例，为掌握部品部件工厂智能化生产打下基础。

建议学时 ✛

1 学时

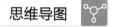

4.6.1　认知智能化生产管理

现代工业的优化升级离不开技术创新和管理创新，离不开信息化与工业化的深度融合，离不开每一项新兴信息技术与工业企业的深度融合。打造现代化智慧工厂，能够更加合理有效管控部品部件生产工厂，使得整个生产工厂智能化。

PC（装配式构件）智能工厂系统能为工厂决策者提供所管工厂的实时数据，如项目完成情况、产能饱和度、生产线饱和度、成品库存分析、设备运行情况等生产信息，优化管理决策，提升产品质量。

4.6.2　智能化生产管理应用

随着装配式建筑的发展，部品部件的生产越来越规范化，生产流程也越来越智能化，目前比较成熟的纸质流程卡技术，实现了在制作过程中，控制每个节点的质量，并及时整理归档，提高了质量管理效率和企业的信息化水平，为预制构件的一体化发展做准备。

1. 智能化生产管理

为更好的支持部品部件的生产管理，需集成部品部件从设计到生产、运输的全过程信息，对接生产线或智能设备，直接导出生产数据给制造执行系统（MES），避免数据二次输入，实现数据流转与共享能够可视化展示，从而实现钢筋自动化加工、混凝土构件自动浇筑、工厂排产优化、成品堆放等。

　　装配式构件生产信息管理系统（PCIS）（图 4-21）主要包括传统工厂管理的企业资源计划（ERP）及制造执行系统（MES）相关内容，运用 RFID 技术及无线互联网，通过与 BIM 系统的数据交换，实现装配式建筑构件生产过程中质量、进度与成本的控制与管理。

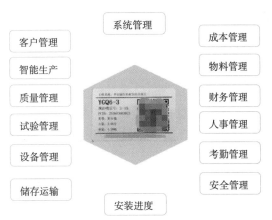

图 4-21　装配式构件生产信息管理系统（PCIS）

　　其中制造执行系统（MES）是一套面向制造企业车间执行层的生产信息化管理系统。MES 负责从订单下单到产品成型整个生产增值过程各个阶段的管理优化，以及后期产品服务和产品质量追溯，采集实时数据，并对数据反映的实时风险、事件进行快速响应和处理，做到监控和反馈生产现状。MES 可以为企业提供制造数据管理、计划排程管理、生产调度管理、库存管理、质量管理等相关模块。

　　（1）制造数据管理模块

　　制造数据管理是 MES 运行的基础，是制造生产的基础。制造数据管理模块主要是对车间人员、设备、工装、物料和工时进行管理，以保证生产正常进行，并提供人、材、机、料等资源使用情况的实时状态信息和历史记录。

　　（2）计划排程管理模块

　　生产计划排程是车间生产管理的重点和难点。MES 的计划排程管理包括生产订单下达和任务完工情况的反馈。从上层 ERP 系统同步生产订单或接受生产计划，根据当前的生产状况（如生产能力、生产准备和生产任务等）、生产准备条件（如图纸、工装和材料等）、项目优先级别及计划完成时间等要求，合理制订生产计划，监督生产进度和生产执行情况等。

　　（3）生产调度管理模块

　　生产调度管理可实现生产过程的闭环可视化控制，以减少等待时间、库存和过量生产等浪费。生产调度管理采用条形码、触摸屏和机床数据采集等多种方式实时跟踪计划生产进度。生产调度管理旨在控制生产，实施并执行生产调度，追踪车间里的工作和工件的状态，对于当前没有能力加工的工序可以外协处理，实现工序派工、工序外协和齐套等管理功能，并且可通过看板实时显示车间现场信息以及任务进展信息等。

（4）库存管理模块

库存管理是对车间内的所有库存物资进行管理。车间内物资有自制件、外协件、外购件、刀具、工装和周转原材料等。其功能包括通过库存管理实现库房存贮物资检索，查询当前库存情况及历史记录；提供库存盘点与库房调拨功能，在原材料、刀具和工装等库存量不足时，设置告警；提供库房零部件的出入库操作记录，包括刀具、工装的借入、归还、报修和报废等操作。

（5）质量管理模块

质量管理能够实现对工序检验与产品质量过程的追溯，对不合格品以及整改过程进行严格控制。其功能包括实现生产过程关键要素的全面记录以及完备的质量追溯，准确统计产品的合格率和不合格率，为质量改进提供量化指标。根据产品质量分析结果，对出厂产品进行预防性维护。

PCIS 运用 MES 的方法，以施工进度计划为目标，生成模板计划、构件生产计划、存储计划、发货计划、每日生产任务单、每日发货计划单，并通过生产、发货反馈进行进度控制。系统中总结了构件生产的各种质量通病，通过系统实时反馈质量及试验数据以进行质量控制（图 4-22、图 4-23）。

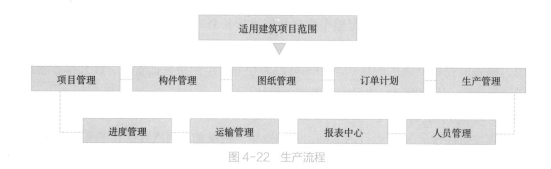

图 4-22 生产流程

图 4-23 部品部件智能生产平台

2.应用案例

某项目建设基于生产管理系统的部品部件生产车间。厂房包括叠合板、墙板自动化生产线、钢筋自动化生产线、阳台（挂）板自动化生产线、楼梯自动化生产线、异形构件自动化生产线等。结合本项目部品部件，现阶段装配式内墙板、叠合板的生产标准化程度极高，阳台（挂）板、楼梯的生产标准化程度次之，而装配式预制外墙板多为夹心墙板或PCF板，其生产工艺复杂，所以多使用柔性生产线（半自动生产线）配合固定模台进行生产（图4-24）。

图 4-24　生产线示意图

部品部件的自动化生产线主要为环形流水固定节拍自动化生产，采用高精度、高强度的矩形钢模台及模具，通过驱动轮对模台产生动力，操控摆渡车进行横向摆动，最终形成闭合环线。作业内容为：生产预制内/外墙板、叠合板及构件养护作业。经生产线加工成构件成品，运送至产品堆放区或者成品出货区，流转的空模台重新返回模台清理位置，模具拆下后返回模具缓存区，经过清理等待再次使用。

经过优化设计的部品部件自动化生产线，以环形流水固定节拍为核心生产模式。在此基础上，生产线融入了柔性生产线的先进理念，对从浇筑混凝土后的养护工位至拆模完成后的清扫整理工位，采用固定流水节拍的自动化作业方式。而对于其他工位，则通过高效的系统转运车、布料车进行物料运输、转运与摆渡，确保整个生产过程实现一体化流水作业（图4-25），从而提高生产效率与产品质量。

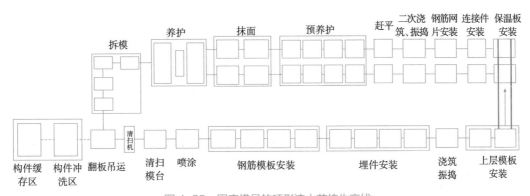

图 4-25　固定模具的环形流水节拍生产线

装配式内墙板、叠合板采用自动化流水线进行生产的预制构件占比大于70%；钢筋网片、钢筋桁架采用智能钢筋加工设备进行制作（图4-26）。

图 4-26　全自动钢筋加工自动化流水线

学习小结

1. PC 智能工厂系统能为工厂决策者提供所管工厂的实时数据，如项目完成情况、产能饱和度、生产线饱和度、成品库存分析、设备运行情况等生产信息，优化管理决策，提升产品质量。

2. MES 可以为企业提供制造数据管理、计划排程管理、生产调度管理、库存管理、质量管理等相关模块。

知识拓展

码 4-11　典型工厂案例展示

习题与思考

1. 填空题

（1）基于 PC 智能工厂系统，工厂决策者可以动态查看所管工厂项目完成情况、_____、_____、_____等生产信息，优化管理决策，提升产品质量。

（2）PCIS 主要包括传统工厂管理的 ERP 及 MES 相关内容，并运用_____及_____，通过与 BIM 系统的数据交换，实现装配式建筑构件生产过程中_____、_____与_____的控制与管理。

（3）MES 可以为企业提供_____、_____、_____、_____、质量管理等相关模块。

2. 判断题

（1）制造数据管理是 MES 运行的基础，是制造生产的基础。制造数据管理模块只能对车间人员、设备、工装和工时进行管理。（　　）

（2）生产调度管理采用条形码、触摸屏和机床数据采集等多种方式实时跟踪计划生产进度。生产调度管理旨在控制生产，实施并执行生产调度，追踪车间里的工作和工件的状态。（　　）

3. 简答题

（1）简述 MES。

（2）简述 PCIS。

码 4-12　习题与思考参考答案

4.7 智能化质量检验

教学目标 📖

一、知识目标

1. 了解部品部件智能生产的智能化质量检验；

2. 了解超声波检测原理。

二、能力目标

1. 能说出智能化质量检验的分类；

2. 能说出超声波检测仪应用领域；

3. 能正确阐述 AI 表面缺陷识别；

4. 能以管片为例阐述自动化测量。

三、素养目标

1. 具有良好倾听的能力，能有效地获得各种资讯；

2. 能正确表达自己思想，学会理解和分析问题。

学习任务 📑

对部品部件智能生产的智能化质量检验有一个全面了解，熟知智能化质量检验核心技术及三大应用场景，为掌握部品部件工厂智能化生产打下基础。

建议学时 ⊡

1 学时

思维导图 ⌖

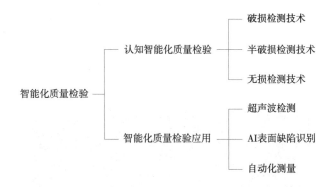

4.7.1 认知智能化质量检验

结构或构件损伤检测的手段和方法很多，各自的特点和适用条件也不相同，一般分为破损检测技术、半破损检测技术和无损检测技术三类检测方法。无损检测的特点和优势使其成为目前主要的检测技术手段。

智能化质量检测主要采用现代信息技术和人工智能技术，实现检测过程的自动化、智能化和信息化，以提高检测效率和准确性，降低人为因素对检测结果的影响。智能化质量检测的方法包括：图像识别技术、机器视觉技术、人工智能技术、数据分析技术。智能化检测技术的应用，可以大幅度提高生产效率和质量稳定性，减少人为因素的影响，降低不合格品率。

4.7.2 智能化质量检验应用

混凝土是建筑工程中最主要的结构材料之一。由于混凝土成型工艺的复杂性，所以每一个环节出现问题都将影响其质量，危及整个结构的安全。因此，加强混凝土的质量监测与控制已经成为当今建筑工程技术领域的重要课题。混凝土构件往往会形成一些缺陷和损伤，例如空洞、裂缝、不密实区、蜂窝及保护层不足、钢筋外露以及层状疏松等。这些缺陷和损伤，会严重影响结构物的承载力和耐久性，继而造成事故发生。检测是一项十分重要的工作。

1. 超声波检测

混凝土超声波检测（图 4-27）的依据是在混凝土中超声波的传播速度取决于混凝土的强度。通过检测超声波在混凝土材料中的传播速度或者声时来判定混凝土的质量，一般情况下，声速越大，其强度越高。超声波的发射和接收中的传感器采用完全相同的材质和结构，可互换使用或进行双向收发。超声波检测混凝土的缺陷，采用穿透测试，比较多个测点的测试数据，以统计概率法原理来处理数据。其应用领域有：结构混凝土抗压强度、裂缝深度及缺陷检测；超声透射法检测桩基、连续墙完整性；地质勘查、岩体完整性、分化评价测试；岩体、混凝土等非金属材料力学性能检测。

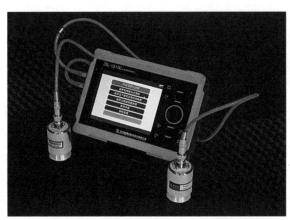

图 4-27　超声波检测仪

2. AI 表面缺陷识别

在图像处理、计算机视觉、语音识别、机器学习等特定领域，人工智能技术的准确度和效率已远超传统人工方法。计算机视觉技术在建筑领域各阶段的图像识别和行为识别等方面得到了广泛应用。利用计算机视觉技术结合机器学习的理论和方法可以实现图像场景的自动化识别和分类，机器能够像人一样提取、处理、理解和分析图像以及图像序列，将这些应用延伸至建设工程检测领域，帮助完成预制构件孔洞和凸起等表面缺陷的识别任务。

3. 自动化测量

通过研究机器人自动化测量和三维激光扫描技术，获取预制管片高精度实测数据，实现预制管片的快速扫描。针对数据获取设备的精度、外界环境干扰等因素所带来的数据噪声、缺失、移位等问题，研究点云数据优化处理算法，运用数字几何处理方法实现定量化数据检测监控，从而构建基于实测数据的预制管片健康状态安全评价指标体系，实现预制管片的质量安全检测，以满足实际工程应用。运用激光 + 智能视觉的多源传感器协同检测智能装备对管片的形变进行检测，其检测系统组成如图 4-28 所示。

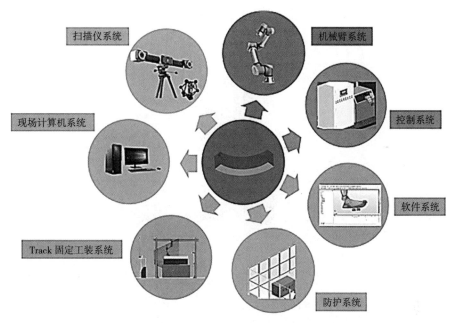

图 4-28　检测系统组成

管片的自动化测量步骤为：①将管片运至待检平台；②控制器收到装夹成功信号后，机械臂和扫描仪进行扫描；③经过自动化测量系统的初步扫描，单轴模组开始引导机械臂在垂直方向进行精确位移，并与转台协同工作，以确保对整个工件进行全面、无遗漏扫描；④扫描完的数据自动导入到自主研发软件进行分析；⑤出检测报告，并输出 PDF 检测文件至指定文件夹，完成无人化检测。

 学习小结

1. 结构或构件损伤检测的手段和方法一般分为破损检测技术、半破损检测技术和无损检测技术三类。

2. 超声波检测应用领域有结构混凝土抗压强度、裂缝深度及缺陷检测；超声透射法检测桩基、连续墙完整性；地质勘查、岩体完整性、分化评价测试；岩体、混凝土等非金属材料力学性能检测。

3. AI 表面缺陷识别是利用计算机视觉技术结合机器学习的理论和方法实现图像场景的自动化识别和分类，机器能够像人一样提取、处理、理解和分析图像以及图像序列，完成预制构件孔洞和凸起等表面缺陷的识别任务。

4. 运用激光＋智能视觉的多源传感器协同检测智能装备对管片的形变进行检测，构建基于实测数据的预制管片健康状态安全评价指标体系，实现预制管片的质量安全检测，以满足实际工程应用。

知识拓展

码 4-13　超声波断层扫描仪应用案例

习题与思考

1. 填空题

（1）结构或构件损伤检测的手段和方法很多，各自的特点和适用条件也不相同，一般分为_____、_____和_____三类检测方法。

（2）超声波检测在结构混凝土抗压强度、_____及_____等领域得到应用。

（3）在_____、_____、_____、_____等特定领域，人工智能技术的准确度和效率已远超传统人工方法。

2. 判断题

（1）利用计算机视觉技术结合机器学习的理论和方法可以实现图像场景的自动化识别和分类，帮助完成预制构件孔洞和凸起等表面缺陷的识别任务。（　　）

（2）超声可以检测岩体的完整性、力学性能等。（　　）

3. 简答题

以管片为例简述自动化测量的应用。

码 4-14　习题与思考参考答案

4.8 智能化运输

教学目标 📖

一、知识目标

1. 了解部品部件智能化运输；
2. 了解部品部件智能化运输的构件信息追踪方法。

二、能力目标

1. 能说出部品部件智能化运输的构件信息追踪应用过程；
2. 能说出部品部件智能化运输路线优化应用过程。

三、素养目标

1. 具有良好倾听的能力，能有效地获得各种资讯；
2. 能正确表达自己思想，学会理解和分析问题。

学习任务 🖥

对部品部件智能化运输有一个全面了解，熟知智能化运输的四大应用场景，为掌握部品部件工厂智能化生产打下基础。

建议学时 ⌖

1 学时

思维导图

4.8.1　认知智能化运输

运用 RFID（射频识别）技术，为预制构件进行精确标识。通过扫描构件 RFID 信息卡，可以实时收集并记录部品部件的生产、质检、入库及出库等数据。此外，通过扫描成品部品部件的二维码，能够追溯其详细的生产过程信息。借助 GIS、BIM 平台及物联网技术，实现部品部件在设计、生产、运输及装配等各个环节的信息互通与共享，确保生产信息的流畅传递。

成品与发运管理的范畴涵盖了入库、出库、质检、发运各环节。其核心内容包括成品库存管理、质量管理及发运管理。在成品质量管理方面，强调对构件进行入库前的严格验收。验收过程中，需收集构件的检查资料、核对构件信息、检查构件外观、标识及尺寸，并将所有相关信息及时录入信息系统。

成品库存管理涉及构件的入库、出库及盘点等仓储管理全过程。而成品发运管理则需根据项目计划及施工单位的现场安装需求，编制详细的发运计划，并对其进行规范编码。同时，确保发运计划与构件信息、发运状态及发货清单等关键信息之间的紧密联系。在构件发运过程中，结合短距离无线通信技术（NFC）和二维码技术，实时监控构件的发运状态，有效避免漏发或错发的情况。

4.8.2　智能化运输应用

1. 构件运输模拟

在进行构件运输时，利用 RFID 技术对构件信息进行读取扫描后（图 4-29），将构件信息（包括构件数量、运输次数以及构件的出场时间等）同步至 BIM 平台的数据库。在施工进行前，利用 BIM 技术对构件的实际安装信息进行可视化操作模拟，运输方可根据模拟结果确定运输构件顺序，这一环节的优化能够使构件的损坏程度降到最低。通过构件可视化运输模拟，不仅能够了解吊装顺序，还能为运输方在选择运输路线及卸载位置时提供可视化的参考，减少路径查找的工作量，提高工作效率。

图 4-29　构件运输模拟

2. 构件信息追踪

构件装车运输前，将 RFID 标签附于部品部件上，将构件相关信息录入 BIM 平台（图 4-30），结合 GIS 和 GPS 定位系统，实现车辆可视化定位。构件运输至现场后，工作人员通过手持读写器，进行扫描查找构件的标签信息并进行定位储存，将构件信息录入 BIM 平台，进而优化构件的库存管理，节省了大量的人力和时间。

出库列表　　到期未出库

请输入项目编号

出库日期：2023-06（整月）

需求总量：498 块　150.825 m³

共 14 个任务

出库状态	出库单号	项目（楼栋-楼层）	出库量	计划出库日期	运输公司	运输车辆	司机
● 已到货	DHYKGWTM	-构件生产 1号A区(20FF)	28块m³	2023-06-27 23:18:5	XX公司	XXXXXXX	XX
● 已到货	DMORLWDQ	-构件生产 1号A区(20FF)	35块m³	2023-06-27 22:14:5	XX公司	XXXXXXX	XX
● 已发车	DXFWOMJE	-构件生产 1号A区(20FF)	35块m³	2023-06-27 14:40:5	XX公司	XXXXXXX	XX
● 已发车	DSQOKWPB	-构件生产 1号A区(20FF)	38块m³	2023-06-27 13:55:5	XX公司	XXXXXXX	XX
● 已发车	DIQSXFLE	-构件生产 1号A区(19FF)	31块m³	2023-06-15 09:24:2	XX公司	XXXXXXX	XX

图 4-30　构件信息追踪

3. 运输路线优化

在运输阶段中，通过 BIM 平台获取施工阶段与生产阶段的生产计划等信息，根据施工阶段与生产阶段的进度编制运输计划。在实际工程中，由于实际进度与计划进度存在差异，可通过 BIM 平台及时了解现场的实际施工进度与施工场地的实际大小，根据各方的实际需求动态调整运输方案及运输路线，高效地完成构件运输。构件运输过程中，可

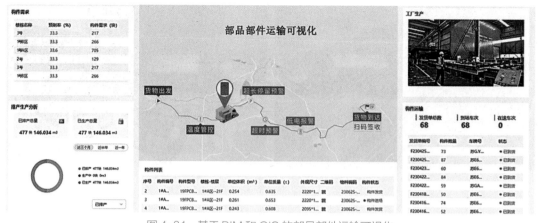

图 4-31　基于 BIM 和 GIS 的部品部件运输可视化

以借助 BIM 和 GIS 技术并根据全过程各阶段协同管理，得到最优运输路线，并结合各方实际需求实现对构件运输路线的动态控制，从而节约运输成本，实现运输阶段成本优化（图 4-31）。

4. 调度管理优化

通过卫星定位，准确获得车辆在任何时刻的位置、速度、里程、沿途道路状况、线路周边环境、货物情况照片、车辆油耗情况等具体信息，系统将获得的信息提取、计算、分析后，通过通信模块发布到监控平台的网络上，提高车辆利用率和运输安全性。管理者只要登录网络，即可对车辆的所有运行信息一目了然，调度管理难度和强度大大降低，节约大量时间和资源（图 4-32）。

图 4-32　构件动态出货数据

学习小结

1. 利用 RFID 技术对预制构件进行标记，通过扫描构件 RFID 信息卡，完成部品部件生产、质检、入库、出库、追溯部品部件生产过程等数据的实时采集。

2. 基于 GIS、BIM 平台和物联网技术，实现部品部件设计、生产、运输、装配过程的信息交互和共享，完成部品部件生产信息的流畅传递。

知识拓展

码 4-15　RFID 技术的前景与发展趋势

习题与思考

1. 填空题

（1）部品部件在设计、生产、运输到装配过程中，信息交互和共享是依托于_____、_____和_____技术。

（2）在施工进行前，利用 BIM 技术对构件的实际安装信息进行_____，运输方可根据模拟结果确定_____，这一环节的优化能够使构件的损坏程度降到最低。

（3）构件运输过程中，可以借助_____和_____并根据全过程各阶段协同管理，得到最优运输路线，并结合各方实际需求实现对构件运输路线的动态控制，从而节约运输成本，实现_____。

2. 判断题

（1）构件可视化运输模拟，能够了解吊装顺序、选择运输路线及卸载位置，减少路径查找的工作量，提高工作效率。（　　　）

（2）构件信息追踪是将 RFID 标签附于部品部件上，将构件相关信息录入 BIM 平台，利用 GIS 定位系统即可。（　　　）

3. 简答题

（1）简述智能化运输中运输路线优化。

（2）简述智能化运输中调度管理优化。

码 4-16　习题
与思考参考答案

157

4.9 部品部件智能生产评价标准

一、知识目标

了解部品部件智能生产的评价标准。

二、能力目标

学会应用评价标准对部品部件智能生产进行评价。

三、素养目标

1.具有良好倾听的能力，能有效地获得各种资讯；

2.能正确表达自己思想，学会理解和分析问题。

学习任务

对部品部件智能生产的评价指标有一个全面了解，学会应用评价标准对部品部件智能生产进行评价，为掌握部品部件工厂智能化生产打下基础。

建议学时

2学时

思维导图

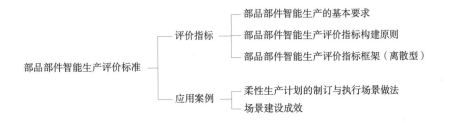

4.9.1　评价指标

1. 部品部件智能生产的基本要求

（1）设施全面互联

建立各级标识解析节点和公共递归解析节点，促进信息资源集成共享；建立工业互联网工厂内网，采用工业以太网、工业现场总线、IPv6等技术，实现生产装备、传感器、控制系统与管理系统的互联；利用IPv6、工业物联网等技术实现部品部件智能生产工厂内、外网以及设计、生产、管理、服务各环节的互联，支持内、外网业务协同。

（2）系统全面互通

部品部件智能生产的总体设计、工艺流程及布局均已建立数字化模型，可进行模拟仿真，应用数字化三维设计与工艺技术进行设计仿真；建立制造执行系统（MES），实现计划、调度、质量、设备、生产、能效等管理功能；建立企业资源计划系统（ERP），实现供应链、物流、成本等企业经营管理功能；建立产品数据管理系统（PDM），实现产品设计、工艺数据的管理；在此基础上，制造执行系统（MES）、企业资源计划（ERP）与数字化三维设计仿真软件、产品数据管理（PDM）、供应链管理（SCM）、客户关系管理（CRM）等系统实现互通集成。

（3）数据全面互换

建立生产过程数据采集与监视控制系统（SCADA），实现生产进度、现场操作、质量检验、设备状态、物料传送等生产现场数据自动上传，并实现可视化管理。制造执行系统（MES）、企业资源计划（ERP）与数字化三维设计仿真软件、产品数据管理（PDM）、供应链管理（SCM）、客户关系管理（CRM）等系统之间的多元异构数据实现互换。

建立完善的工业信息安全管理制度和技术防护体系，对于确保部品部件智能生产工业系统安全稳定运行至关重要。工业信息安全管理制度包括信息安全政策、组织架构、人员职责、风险评估、安全监测和应急响应等。明确的安全政策和流程能规范员工行为，降低风险。完善的组织架构和职责体系确保各部门协同维护信息安全。企业应构建网络防护体系，采用先进的网络安全技术，如防火墙、入侵检测和数据加密，确保工业控制系统的网络安全。同时，建立应急响应机制，及时应对安全事件，减轻损失。通过定期演练和培训，提高应急响应能力。企业应建立功能安全保护系统，采用全生命周期方法，确保系统从设计到运营的安全性。严格控制质量和避免风险评估系统失效，保障工业系统安全稳定运行。

（4）产业高度互融

构建基于云计算的集成共享服务平台，实现从单纯提供产品向同时提供产品和服务转变，从大规模生产向个性化定制生产转变，促进制造业与服务业相融合。

2. 部品部件智能生产评价指标构建原则

（1）科学性：体现部品部件智能生产核心内涵和特征，反映现状发展水平和持续改进方向。

（2）实用性：基于工业实践，针对企业新一代信息技术在部品部件智能生产融合方面的能力与水平进行全面评价。

（3）系统性：综合考虑部品部件智能生产宏观、微观状况，系统评价其核心要素、基础能力与绩效水平。

（4）可操作性：数据易于采集、统计和分析，客观反映部品部件智能生产现状水平。

（5）先进性：追踪新技术发展，体现部品部件智能生产新技术的使用水平。

3. 部品部件智能生产评价指标框架（离散型）

离散型部品部件智能生产评价指标体系如图4-33所示。

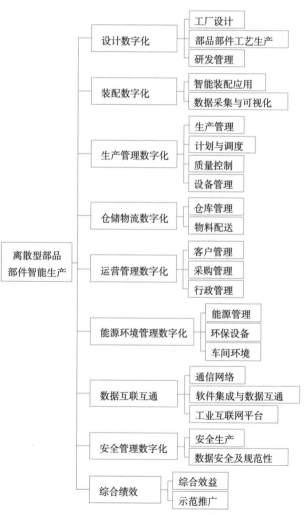

图4-33　离散型部品部件智能生产评价指标体系

4.9.2 应用案例

某公司是国内建筑铝型材细分领域标杆企业、全国最大的建筑铝合金挤压型材制造商。公司业务范围覆盖了新型铝合金铸棒、铝合金挤压型材及成品门窗制作在内的完整产业链；主要产品包括氧化型材、喷涂型材、木纹转印型材、绿色节能型材等（图4-34）。

图 4-34 某智能工厂

1. 柔性生产计划的制订与执行场景做法

公司引进 SAP、ERP 和 APS 系统，利用 SAP NetWeaver 开发框架自主研发了 MES 系统，以私有云+公有云的混合云基础架构建立了企业各应用系统的高效集成云平台，通过系统集成实现管理的智能化，经过深度整合和优化，实现采购、销售、库存、生产及财务等多个业务领域的数据与流程的高效、灵活集成，为企业的稳健运营和持续发展提供了坚实的技术支撑。

（1）基于多系统集成的定制生产

通过 Hybris 客户协同平台完成客户个性化定制需求和产品选配参数的采集，经确认后形成销售订单发送至企业管理系统 SAP。客户定制需求定时同步到高级计划与排产系统 APS 进行自动排产，以模具、物料、设备、人员等资料约束进行有限产能排产，匹配"产能最大化""订单齐套率最优化""同型号同特性合并生产"等排产模型，围绕客户需求开展制造资源的自动配置和柔性调度，满足多品种、小批量的个性化定制需求（图4-35）。

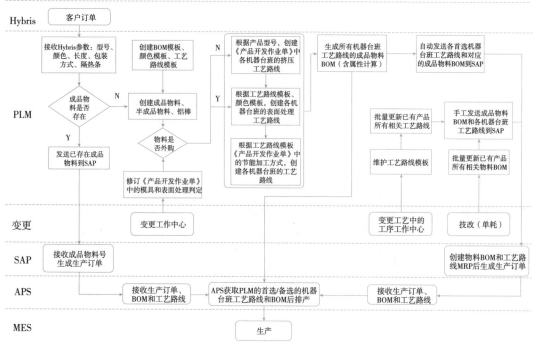

图 4-35　多系统协同的定制生产流程

MES 接收 APS 的排程排产计划后，指导车间生产，对生产执行过程进行精细化管控，实现生产派工、物料调度、模具调度、工艺控制、进度汇报、设备报修、人员绩效等功能。基于设备和工艺的数据采集、生产过程进度管理和异常处理反馈机制等掌握实时生产进度，为 APS 滚动排产提供数据（图 4-36）。

（2）自动生产排产和调度

经过企业管理系统物资需求计划运算与 APS 排产系统进行订单拆分揉单、合并后，自动匹配最优的产品制造工艺路线，结合工厂的设备产能、关键生产要素、物料库存等情况，形成各加工工序的排产计划，并通过接口传递到 MES 系统中。系统能够依照客户等级、订单紧急程度、客户期望交货日期等自动识别生产优先级，并按照产线的生产能

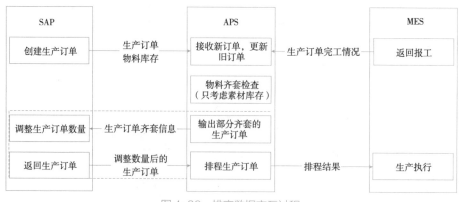

图 4-36　排产数据交互过程

力和历史生产任务分配经验进行排产和调度。实现自动排产的同时，系统提供约束规则验证和多模型结果对比，支持用户快速决策。

通过 APS 两级排产，生产任务的精细度将细化到生产线、设备和班组，依据历史销量、存货状况、库存规划、供应商库存和生产进度等产生模具、原材料等关键生产要素的补货和配送计划。

2.场景建设成效

目前，公司通过打造经销商协调平台、制造执行系统、高级生产排产、仓库管理系统，构建了公司制造信息化管理平台，形成了订单需求驱动生产的新模式。2021 年销售收入超过 14 亿元，利税 4274.86 万元。场景建设完成后，订单交付齐套率由 50% 提升至 88%，订单及时交付率提升了 27%，异常停机时间（待料、待模、待机）下降了 12%。

 学习小结

1. 部品部件智能生产要求设施全面互联、系统全面互通、数据全面互换和产业高度互融。

2. 部品部件智能生产评价指标构建原则包含科学性、实用性、系统性、可操作性和先进性。

3. 部品部件智能生产评价指标包含设计数字化、装配数字化、生产管理数字化、仓储物流数字化、运营管理数字化、能源环境管理数字化、数据互联互通、安全管理数字化、综合绩效等。

知识拓展

码 4-17　部品部件评价标准

习题与思考

1.填空题

（1）部品部件智能生产的基本要求是_____、_____、_____和_____。

（2）建立生产过程数据采集和分析系统（SCADA），实现_____、_____、_____、_____、_____等生产现场数据自动上传，并实现可视化管理。

（3）综合考虑部品部件智能生产宏观、微观状况，系统评价其核心要素、基础能力与绩效水平，体现部品部件智能生产评价指标构建的_____原则。

2. 判断题

（1）部品部件智能生产需利用 IPv6、工业物联网等技术实现部品部件智能生产工厂内、外网以及设计、生产、管理、服务各环节的互联，支持内、外网业务协同。（　　　）

（2）构建基于 BIM 的集成共享服务平台，实现从单纯提供产品向同时提供产品和服务转变，从大规模生产向个性化定制生产转变，促进制造业与服务业相融合。（　　　）

3. 简答题

（1）简述部品部件智能生产评价指标构建原则。

（2）图示离散型部品部件智能生产评价指标框架。

（3）简述生产管理数字化指标。

码 4-18　习题与思考参考答案

⑤

智能施工管理

5.1　智能施工管理概述

教学目标

一、知识目标

1.掌握智能施工管理概念及内涵；

2.了解智能施工管理优势与特点；

3.了解智能施工管理应用前景；

4.熟知智能施工管理的应用场景。

二、能力目标

1.能够表述智能施工管理的概念；

2.能够表述智能施工管理的应用场景。

三、素养目标

1.具有良好倾听的能力，能有效地获得各种资讯；

2.能正确表达自己思想，学会理解和分析问题。

学习任务

对智能施工管理的概念、内涵、优势与特点以及应用前景有全面了解，熟知智能施工管理场景，为后续智能施工管理的应用打下基础。

建议学时

1学时

思维导图

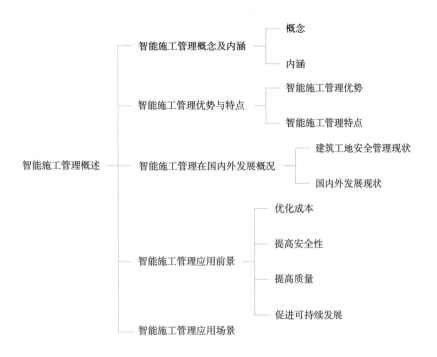

5.1.1 智能施工管理概念及内涵

1. 概念

智能施工管理是指利用先进的技术手段，如人工智能、物联网、机器学习等，对建筑施工过程进行自动化、数字化和智能化的管理。在施工过程中对人员、设备、安全、质量等要素产生的数据进行全面的采集和处理，并实现数据共享与业务协同，最终实现全面感知、安全作业、智能生产、高效协作、智能决策、科学管理的施工过程智能化管理系统。

2. 内涵

智能施工管理系统，是严格按照"责任全覆盖、监管全覆盖、保障全覆盖"的安全理念，牢固把握"注重预防、依法依规、分类指导、综合治理"的安全管理规律，大力推进行业安全、质量、环境管理标准化，安全检查智能化，搭建一个综合性的管理平台，将各子系统统合起来，形成统一数据库，数据共享，实现建筑行业安全综合监管。

智能施工管理系统由"PC端、手机端、大屏端"三端结合使用。将项目管理、人员管理、环境管理、机械设备管理、危大工程管理、能耗管理、风险管控、决策管理进行分类落实，实现具体应用具体管理，做到"建、管、控"高度结合。

5.1.2 智能施工管理优势与特点

1. 智能施工管理优势

智能施工管理就是按照施工现场最关注的"人、机、料、法、环"五大要素，从"安全、环保、进度、投资、质量"五个维度进行监管。将企业对建筑工程的各项管理工作集成在一起，通过将业务处理标准化和工程管理核心流程优化、数字化，建立具有国际工程管理理念和模式的工程监管可视系统。达到对工程控制、动态管理、信息共享和自动传递的目的，消除信息孤岛，实现办公协同和对工程全过程的实时管理以及对管理层的决策支持。

2. 智能施工管理特点

通过平台的可视化管理逐步达到以下管理效果，如图 5-1 所示。

（1）行为标准化：实现对项目管理人员的行为管理，促使项目管理人员的行为合法化、规范化、标准化。

（2）程序规范化：通过系统的管理使项目管理人员各项工作进入规范程序，对每一步重大工作进行程序化监管。

图5-1 智能施工管理特点

（3）成本节约化：通过系统的管理，自动采集数据，形成多规格的台账和报表，使管理人员省时省力，得到有数据支撑的报表，节省人力成本。

（4）考核系统化：通过系统的考核标准，对项目的各相关单位及相关负责人客观化考核，从粗放的人为考核逐步转变为系统化、规范化的客观考核，摈弃人为因素影响。

（5）工地品质化：通过系统的规范化管理，日常安全巡检，提升建筑工程的安全性，打造高品质零事故工地，提升品牌影响力。

5.1.3 智能施工管理在国内外发展概况

1. 建筑工地安全管理现状

我国有将近 70 万个工地在施工，塔式起重机数量达 70 余万台，升降机不低于 100 万台，建筑从业人员 5000 余万人。建筑施工现场生产作业环境复杂，人员复杂，多种交叉作业、协作方多，呈现出施工地点分散、施工现场管理难等特点。每年频发安全事故，严重危害施工人员的生命安全，给政府、项目及建筑企业带来了严重的经济损失，产生极其恶劣的社会舆论影响。根据国家应急管理部统计，在 12 个安全生产重点行业中，建筑业事故总量已连续 9 年排在工矿商贸事故第一位。国外建筑业安全事故也是频发，2004 年，美国建筑业死亡人数累计达 1268 人，占所有行业死亡总人数 5764 人的 22%，而美国建筑业雇用的劳动力仅占总劳动力的约 6.55%。日本建筑业的死亡率和重伤率也居所有行业之首，调查表明，日本建筑业的就业人口只占全部就业人口的 10%，但是却有接近 30% 的事故和超过 40% 的死亡事故发生在建筑业。建筑业的工地安全监管需求极为迫切。

在建筑工程中，施工现场安全问题最突出的是管理问题。由于建筑施工的安全管理制度执行不严、监管人员成本高、人员管理难度大、人员流动性高等特点，需全面加强安全措施，提高安全管理精细化水平，降低安全事故发生率。工地管理的主要目标包括提高安全监管力度、降低事故发生频率、打通工地管理路径、规范现场管理机制等。

2. 国内外发展现状

各国采取了众多措施防止工地安全事故的发生。比如美国 1970 年颁布了《职业安全与健康法》，美国政府对安全的督促主要通过监察来实现，《职业安全与健康法》提出了建筑安全方面的三个目标：一是加强美国职业安全与健康管理局的直接干预来减少职业危害；二是通过有力的领导和协助促进企业改善安全和健康文化；三是加强基层执法机关的能力并最大限度地提高其效率和有效性。日本依据《劳动安全健康法》第 6 条制定了针对所有行业的工伤事故防止计划，主要有以下三个目标：（1）争取每年大幅降低所有行业的工伤死亡总人数——争取低于 1500 人；（2）在计划实施期间，工伤事故总数减少 20% 以上；（3）减少由超负荷劳动及工作压力等工作原因引起的疾病。其中由于建筑业事故高发，死亡人数多，该计划专门要求：提高中小型工地专业施工人员的安全卫生管理能力，采取综合性战略措施促进工人领导的培训，然后由工人领导召集没有工作经验的工人学习；为防止约占死亡事故 10% 的建筑机械事故发生，应普及具备吊车功能的拖拉铲运机，促进监测危险系统等安全对策的实施；为防止约占死亡事故 40% 的坠落、跌倒事故发生，要在脚手架工地普及栏杆的安装，使其成为操作标准。但是单纯依靠人工监督施工现场安全不仅容易疏漏而且成本高，同时经验积累慢。

2022 年 6 月，江苏省住房和城乡建设厅发布《关于进一步推进全省智慧工地建设的通知》，重点如下：在建筑业高质量发展考核、招标投标、信用管理、差别化监管、标准化星级工地推荐等方面采取适当激励措施。实现政府投资规模以上工程智慧工地全覆盖，实现全省各县（市、区）智慧监管平台建设全覆盖，实现智慧工地接入智慧监管平台全覆盖。凡通过数据动态验证满足智慧工地条件的工程项目，建设单位应按照要求落实智慧工地建设费用，属地主管部门优先推荐标准化星级工地。凡实施智慧工地建设的新建工程施工进度达 40% 左右或智慧工地建设完成并投入应用阶段的项目，应通过"江苏省建筑施工安全管理系统"开展数据动态验证。结果分为"不合格、合格、良好和优良"四个等次。动态验证结果优良的智慧工地项目优先推荐省标化二星级、三星级工地，申报省标化三星级工地的房建工程项目必须达到优良等次。着力构建"江苏省建筑施工安全教育学习平台"，加强建筑从业人员安全管理和教育培训，为全面推行"建安码"奠定基础。

5.1.4　智能施工管理应用前景

智能施工管理系统通过实时监测和管理，对资源的利用情况进行精细化管理，避免资源的浪费和重复使用。同时，智能化的调度和管理手段，可以提高施工人员的工作效率，减少不必要的等待时间和交通时间，提高整体施工效率。

1. 优化成本

通过数字化技术对工地的资源进行管理和优化，避免资源的浪费和重复使用，降低成本。同时，智能化的管理手段可以减少人工管理的成本，提高管理效率。

2. 提高安全性

通过人脸识别、智能监控等技术，对工地人员进行实时监控和管理，提高安全性。同时，通过数据分析和人工智能技术，预测施工中的危险，并提前采取措施避免事故发生，进一步提高安全性。

3. 提高质量

通过传感器和监控设备实时监测建筑材料的质量、结构的健康状况，及时发现和解决问题，提高建筑质量。

4. 促进可持续发展

通过资源的精细化管理，避免资源的浪费和重复使用，降低对环境的污染和破坏，促进可持续发展。

总之，智能施工管理在建设中具有广阔的应用前景。随着科技的不断发展和创新，智能施工管理将会越来越成熟和普及，推动城市建设进入数字化、智能化时代，提高城市建设的质量和效率，为城市的可持续发展做出更大的贡献。

5.1.5　智能施工管理应用场景

智能施工管理可分为 10 个应用大场景，具体如表 5-1 所示。

智能施工管理应用场景　　　　　　　　　　　表 5-1

应用大场景	应用小场景	应用大场景	应用小场景
1. 现场安全隐患排查	隐患检查	6. 智慧安管	附着式升降脚手架
	隐患分析		塔式起重机安拆
2. 人员信息动态管理	实名制		顶管施工智能管理
	奖惩记录、安全教育信息、健康信息		智能螺栓
	人员立体定位		盘扣式脚手架
	健康防疫	7. 智慧提质	质量检查
3. 扬尘视频监控	扬尘监测		材料出入库管理
	视频监控	8. 绿色施工	施工车辆清洗抓拍
4. 高处作业临边防护	临边洞口防护		施工用电
5. 危大工程预警管理	塔式起重机监测		施工用水
	升降机监测		建筑垃圾进出场
	卸料平台监测	9. 智能创安	AI 技术应用
	深基坑监测		应用 BIM 技术
	高支模监测	10. 其他智慧管理功能	供应链管理
6. 智慧安管	智能安全帽		进度 / 成本管理

 学习小结

　　本节学习了智能施工管理的定义和内涵，了解智能施工管理在国内外发展概况以及发展的趋势及展望，熟知智能施工管理的 10 个应用大场景。

知识拓展

码 5-1　智能施工管理 BIM 技术的应用　　码 5-2　智能施工管理 AI 技术的应用　　码 5-3　智能施工管理大数据技术的应用

习题与思考

1. 填空题

（1）智能施工管理是指利用先进的技术手段，如_____、_____、_____等，对建筑施工过程进行自动化、数字化和智能化的管理。

（2）智能施工管理的特点包括_____、_____、_____、_____、_____。

（3）在建筑工程中，施工现场安全问题最突出的是_____。由于建筑施工具有_____、_____、_____、_____等特点，企业需要全面加强安全措施，提高安全管理精细化水平，降低安全事故发生率。

2. 判断题

（1）为了防止约占死亡事故 60% 的坠落、跌倒事故发生，要在脚手架工地普及栏杆的安装，使其成为操作标准。（　　　）

（2）智能施工管理就是按照施工现场最关注的"人、机、料、法、环"五大要素，从"安全、环保、进度、投资、质量"五个维度进行监管。（　　　）

3. 简答题

（1）概述智能施工管理的优势。

（2）概述智能施工管理的应用前景。

码 5-4　习题与思考参考答案

5.2 认知智能项目管理平台

教学目标

一、知识目标

1. 了解智能项目管理平台的架构；

2. 了解智能项目管理平台的功能模块。

二、能力目标

1. 能够正确理解智能施工管理平台在智能建造中的作用；

2. 会使用智能项目管理平台。

三、素养目标

1. 具有良好倾听的能力，能有效地获得各种资讯；

2. 能正确表达自己思想，学会理解和分析问题。

学习任务

对智能项目管理平台的架构及主要功能有一个全面了解，学会应用智能施工管理的项目管理平台，为智能施工管理的应用打下基础。

建议学时

1 学时

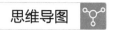

思维导图

5.2.1　智能项目管理平台架构

智能项目管理平台服务于施工单位和建设单位的建筑施工现场管理,内容包括现场安全、质量、进度、物资、机械、成本、BIM建造集成及第三方各种软硬件集成。

企业通过对标行业内领先的智慧工地建设标准,结合项目的现状,建立以云平台为基础、以5G+IoT为动脉、以数据为核心、以云平台+成熟智能终端工具全面应用为形态,以在线化、可视化的决策分析为表现,将项目建设成为智能建造、智慧管理的标杆项目。智能项目管理平台可使现场人员工作更智能化、项目管理更精细化、项目参建者工作更协作化、建筑产业链更扁平化、行业监管与服务更高效化和建筑业发展更现代化。

基于BIM的多项目+多部门+多参与方的智能项目管理平台(图5-2),实现工程BIM数据管理、施工管理、质量管理、安全管理、技术管理的可视、动态、精细化管控,完成项目信息整体归集,建立企业级工程项目大数据库,支持不同维度的数据快速统计分析,为领导决策和精准管理提供可靠依据。

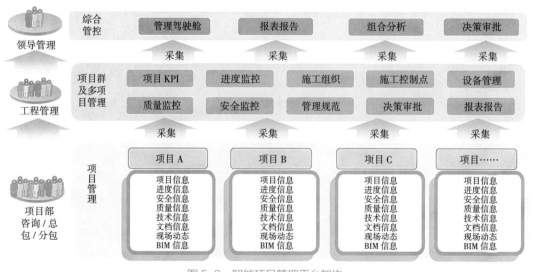

图5-2　智能项目管理平台架构

5.2.2　智能项目管理平台功能模块

围绕项目建设流程，智能项目管理平台有以下功能模块（图5-3）：

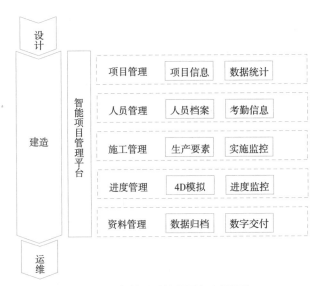

图 5-3　智能项目管理平台功能模块

1. 项目管理

智能项目管理平台能对集团项目数据进行统计，具备项目信息的展示、项目素材（图片、视频）的配置，项目成员管理、五方主体管理、单位工程管理、项目里程碑管理及项目级大屏自定义配置等功能，可查看项目信息，包括工程类型、总建筑面积、计划工期、项目地址等。通过统计筛选各条件下的工地数量及列表，管理者可选择要查看的项目名称，查看对应的项目数据。

2. 人员管理

平台可统一查看企业所有项目的劳务工人、劳务考勤数据，做到所有工人留痕留档，有迹可查。根据劳务实名制、工地闸机获取的现场人员信息，去重后形成工人库，在后台留档，支持一键查询所有项目的劳务班组、劳务工人信息，确保现场劳务人员真实存在，记录工人的每日考勤信息，保障劳务人员权益。

3. 施工管理

通过施工管理平台，对人、机、料、法、环的各个生产要素进行实时智能监控和管理，实现了业务间的互联互通，数据应用，协同共享。通过二维码实现 BIM 数据与现场信息高效有序交互，使得信息采集、获取、追溯更便捷。

现场问题可在移动端通过照片、文字记录形式上传至云平台，方便现场安全、质量管理。安全以及质量问题可随时记录，问题可追溯，可统计分析，问题与 BIM 模型构件双向关联。原有模型再增加一项新的安全质量信息维度，通过模型构件可查看相关过程质量问题，通过质量问题记录可在 BIM 模型中对质量问题进行定位。问题解决后，可形成闭环，以供后期查看，资料归档。

4. 进度管理

在施工管理平台中将 BIM 模型与施工组织计划进行绑定，通过施工流水单元进行拆分，形成 4D 进度管理模型，进行真实的可视化 4D 进度模拟，辅助进度管理。进度管理系统自动统计分项进度情况，对逾期任务自动预警并推送消息，任务负责人定期在 APP反馈项目进度，方便项目管理人员查看进度的实施情况，实时把控进度情况，确保整体工程在计划的项目周期内完工，形成进度精细化管控。

5. 资料管理

项目资料（图纸、文档、图片、视频等）分类管理，可与 BIM 构件关联，形成 BIM资料库。项目中遇到的问题主要有：信息不互通，图纸变更太多，变更记录混乱。施工项目很多工作需要前置，对图纸准确性要求很高，所以可以采用云平台对项目资料进行统一管理，按照不同的专业、不同的管理部门自动对平台数据进行归档，支持用户进行下载、查看、批量打印、上传等操作，并且系统支持上传资料关联到对应的 BIM 模型构件，给现场管理人员提供最新的、统一的电子图纸，方案交底等信息，与质量安全管理结合，实现施工现场的无纸化管理。

 学习小结

本节学习了智能项目管理平台，需对平台整体架构及项目管理、人员管理、施工管理、进度管理、资料管理等主要功能有一定了解。

知识拓展

码 5-5　某项目管理平台案例介绍

习题与思考

1. 填空题

（1）智能项目管理平台服务于施工单位和建设单位的建筑施工现场管理，内容包括_____、_____、_____、_____、_____、_____、_____及第三方各种软硬件集成。

（2）基于 BIM 的多项目＋多部门＋多参与方的可视化企业云平台，实现工程 BIM 数据管理、施工管理、质量管理、安全管理、技术管理的_____，完成项目信息_____，建立企业级_____，支持不同维度的数据_____，为领导决策和精准管理提供可靠依据。

2. 简答题

概述智能项目管理平台功能模块内容。

码 5-6　习题与思考参考答案

5.3 认知智慧工地平台

教学目标 📖

一、知识目标

1.了解智慧工地平台的架构；

2.熟知智慧工地平台的功能模块。

二、能力目标

1.能说出智慧工地平台各模块的主要功能和作用；

2.能够学会使用智慧工地平台。

三、素养目标

1.具有良好倾听的能力，能有效地获得各种资讯；

2.能正确表达自己思想，学会理解和分析问题。

学习任务 🖥

对智慧工地平台的架构及主要功能有一个全面了解，学会使用智慧工地平台，为智能施工管理的应用打下基础。

建议学时 ⌖

4 学时

思维导图

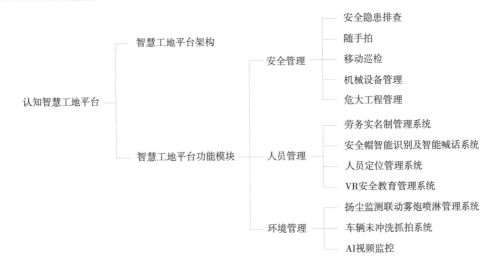

5.3.1 智慧工地平台架构

智慧工地是围绕人、机、料、法、环关键要素，综合运用 BIM、物联网、移动通信、云计算、大数据、人工智能等信息技术和机器人等智能设备，与施工技术深度融合与集成，对工程质量、安全等生产过程加以改造升级，提高施工现场的生产效率、安全水平、管理效率和决策能力。

智慧工地平台（图 5-4）围绕"人、机、料、法、环"五大要素构建设备层、服务层、业务层、展现层四大层级架构，涉及人员管理、安全管理、环境管理等多个功能模

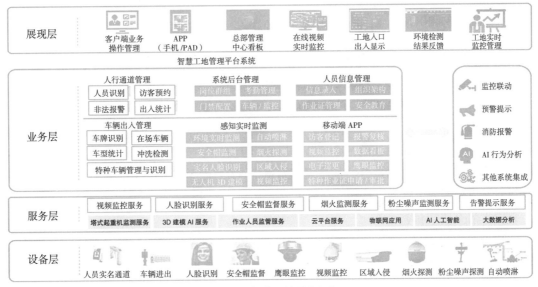

图 5-4 智慧工地平台架构

块，实现工地全要素、全场景覆盖。将企业对建筑工程的各项管理工作集成，通过将业务处理标准化和工程管理核心流程优化、数字化，建立具有国际工程管理理念和模式的工程监管可视系统，达到工程控制、动态管理、信息共享和自动传递的目的，消除信息孤岛，实现办公协同和对工程全过程的实时管理以及对管理层的决策支持。

5.3.2 智慧工地平台功能模块

围绕建筑工地的人、机、料、法、环五个方面，设计如下主要功能模块（表5-2）。

智慧工地平台功能模块   表5-2

序号	产品功能	功能点
1	安全管理	安全隐患排查
		随手拍
		移动巡检
		机械设备管理
		危大工程管理
2	人员管理	劳务实名制管理系统
		安全帽智能识别及智能喊话系统
		人员定位管理系统
		VR 安全教育管理系统
3	环境管理	扬尘监测联动雾炮喷淋管理系统
		车辆未冲洗抓拍系统
		AI 视频监控

通过将数据汇总至数据智慧工程可视化决策平台，最终打造智慧工程数据底图，融合多规合一数据，形成多用途专题应用，为智能施工管理和应用提供数据支撑。

1. 安全管理

安全是建筑企业最关注的一个环节，贯穿施工始末。安全无小事，防患于未然。安全管理是企业必不可少的一部分。通过安全隐患排查系统、随手拍、移动巡检等，对施工现场进行全方位的安全管理，打造安全无事故工地。

（1）安全隐患排查

安全隐患排查通过管理系统项目端录入安全员、项目负责人每日、每周、每月安全检查的台账，以及隐患的整改情况，复查情况，涵盖检查 - 整改 - 复查整个流程，形成闭环的管理（图5-5）。通过系统的规范流程促使安全检查形成标准化的日常检查及规范

监督检查

序号	检查单号	检查单位	检查等级	检查人	检查时间	单据状态	整改人
1	YHZG202303271	XXX公司	隐患整改	吴**	2023-07-18	已完成	张**
2	YHZG202302862	XXX公司	隐患整改	郭**	2023-06-01	已完成	张**
3	YHZG202302856	XXX公司	隐患整改	顾**	2023-06-01	已完成	张**
4	CCJL202301588	XXX公司	抽查记录	朱**	2023-05-23	已完成	张**
5	YHZG202302129	XXX公司	隐患整改	刘**	2023-02-12	已完成	张**

图 5-5　安全隐患排查

行为，提升施工现场的安全。对于隐患进行实时统计，并跟踪隐患的后续处理过程，待整改的隐患，待复查的隐患，以及逾期未整改的隐患预警，提醒管理人员消除隐患，保证工程的质量及安全。

通过对一年内的隐患对比分析，进行隐患原因及类型的精确统计，让管理者在容易出现隐患的地方做到有根据的判断，从而对某些类型的隐患重视起来，规避风险。同时通过隐患的对比分析，可对施工企业进行评分，为今后的合作提供数据支持，从而提升施工工地的品质。

图 5-6　随手拍

（2）随手拍

随手拍（图 5-6），可让工地上的每个人员都为安全出一份力，降低工地安全事故。在减轻安全员、项目管理人员的巡查工作量的同时，还能对工地上的安全情况了如指掌。

（3）移动巡检

移动巡检管理系统利用 RFID 技术与无线局域网进行施工现场安全巡检，在施工现场布置巡检点，沿巡检路线覆盖无线网络，在每个巡检监测点安装一个 RIFD 标签 / 二维码标签，记录巡检监测点的基本信息（图 5-7）。

安全员每到一巡检点首先用手持机读取标签内容，发现隐患，现场录音、拍照，把检测信息通过无线网传输到管理处。整改负责人通过手机端接收整改信息，整改后上传整改结果（图 5-8）。

建立巡检安全管理系统，通过系统来实现安全员的安全检查，提高被巡检的施工现场的管理水平，提高巡检效率，降低巡检难度，洞察整个巡检工作的情况。

（4）机械设备管理与危大工程管理

通过管理系统项目端进行机械设备的安装方案审批、安装告知、检测时间、验收合格、使用登记、检测维保、拆卸方案、拆除告知等流程的规范管理，并统计出使用设备的数量及复检保养情况。对不合格的设备进行检查并要求其整改（图 5-9）。

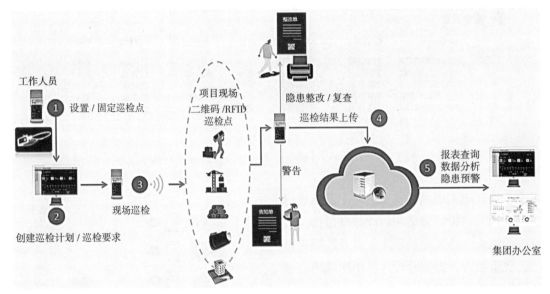

图 5-7　移动巡检流程

图 5-8　移动巡检平台

图 5-9　机械设备管理与危大工程管理

1) 塔式起重机安全监管（图5-10）

塔式起重机安全监管系统是集互联网技术、传感器技术、嵌入式技术、数据采集储存技术、数据库技术等高科技应用技术为一体的综合性新型仪器。该仪器能实现多方实时监管、区域防碰撞、塔群防碰撞、防倾翻、防超载、实时报警、实时数据无线上传及记录、实时视频、语音对讲、数据黑匣子、远程断电、精准吊装、塔式起重机远程网上备案登记等功能。

图5-10 塔式起重机安全监管

群塔防碰撞功能是建立在多套设备基础之上，对塔式起重机运行高度、幅度、回转角度的实时采集，立体建模，通过软件计算实现群塔之间相互预警（图5-11）。在塔式起重机上可设置高清自动跟踪球机，可自动追踪吊钩的运行轨迹，减少盲吊，实现无死角作业，对地面指挥进行有效补充。

• 大臂前端安装，可根据吊钩运动的高度和幅度自动调整球机云台和镜头焦距

图5-11 群塔防碰撞

2) 升降机监管（图5-12）

施工升降机安全监控管理系统能够全方位实时监测施工升降机的运行工况，且在有危险源时发出警报和输出控制信号，并可全程记录升降机的运行数据，同时将工况数据传输到远程监控中心。

3) 卸料平台监管（图5-13）

卸料平台监管系统自动监测载物实时重量，堆重实时显示，超载保护功能提醒作业人员及时卸载，避免因超载而引起安全事故；远程监控平台记录、查询、分析卸料平台进出料记录。该系统具有低功耗、太阳能供电、精准测量、超限报警等特点。

图5-12 升降机监管

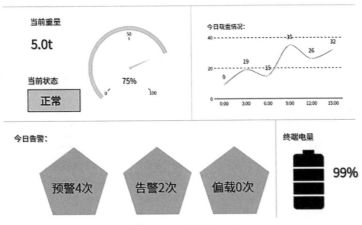

图5-13 卸料平台监管

4）深基坑监测（图 5-14）

深基坑监测预警管理系统主要由静力水准仪、渗压计、无线数传终端（GPRS-DTU）、WINCE 平板电脑、电源模块组成。传感器数据被智能终端电脑采集，数据经过处理后通过有线或者 GPRS 直接发往中心服务器，软件自动对测量数据进行换算，直接输出监测物理量，利用网络或者内部局域网进行数据传输，完成对传感器数据的采集和监测。

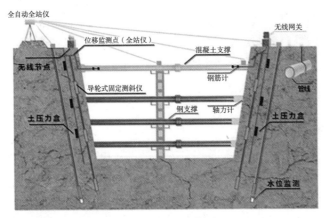

图5-14 深基坑监测

通过传感器的实时监测，将数据汇总到平台上，预先设定预警值，如超出预警值，平台实时报警，管理人员可通过平台直接查看报警原因。

5）高支模监测（图 5-15）

高支模监测是通过改进监测仪器设备，增加模板沉降、立杆轴力、杆件倾角、支架整体水平位移四个参数，实时测量高支模支撑体系的支架变形、倾斜、立杆轴力以及模板沉降，进而对施工现场的高支模实现连续的实时监测以及超限、倾覆报警，使监测成果形象化。当监测值超过阈值自动报警，支持现场声光报警、短信远程报警等多种报警方式。

传感采集一体机安装

容栅位移计安装

工程现场图　　平台数据实时查看

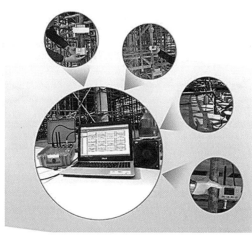

图5-15　高支模监测

6）临边防护（图5-16）

智慧临边监测系统，对施工现场的临边防护栏进行实时监测。该系统通过信号线或以防护栏为导体的方式来实现临边防护栏安全，通过检测线路是否通畅、防护栏是否断开，保证临边栏杆断裂后，立即发出警报，及时推送至手电端及 PC 端。后台人员发现问题后，主动前往现场查看具体情况，预防施工人员发生危险。

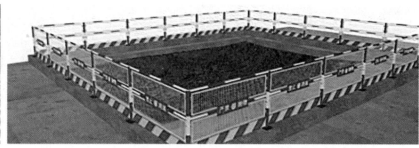

图5-16　临边防护

2. 人员管理

通过 AI 智能分析结合劳务实名制管理系统，实现对人员的精细化管理（图5-17），当发现施工人员未佩戴安全帽时，通过 AI 视频监控实时抓拍，将数据上传至后台管理系统以及智慧工程可视化决策系统，应急指挥中心通过大屏实时接收预警信息。通过 IP 音柱，语音播报警报信息，杜绝安全隐患，防患于未然。

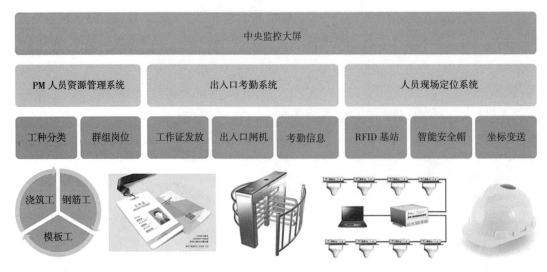

图5-17　人员管理

（1）劳务实名制管理系统

劳务实名制管理系统采用人脸识别技术，组建工地现场劳务管理的物联网系统，通过网络闸机识别施工现场工作人员，实现持卡/人脸识别进场、考勤。

劳务实名制管理系统（图5-18）将劳务人员姓名、身份证号、岗位技能证书号等所需信息登记入库，并确保人证合一，使总包管理者对劳务分包的情况明晰，实现劳务调配有序，促进劳务企业合法用工，切实维护劳务人员的权益。

图5-18　劳务实名制管理系统

1）考勤预警。人员进出施工场地实名制考勤，未在规定时段实名考勤人员将被预警，并将预警信息同步至相关人员及责任人手机上。

2）出勤考评。将管理人员出勤统计（应出勤人数，实际出勤人数和出勤率）（图5-19），作为施工和管理人员评优评先的主要依据。

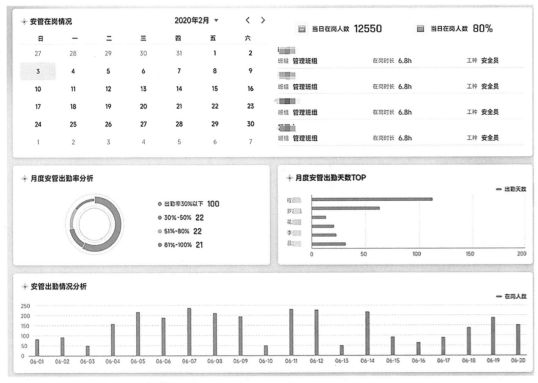

图5-19　出勤考评

3）限制进入。黑名单人员禁止进入工地，保证工地安全。

（2）安全帽智能识别及智能喊话系统

安全帽智能识别及智能喊话系统（图5-20）是基于视频流的智能图像识别系统，利用深度学习与大数据技术，自动识别人员与安全帽等特征，为安全员对现场的监督提供有力保障。本系统采用视频图像智能识别的方式，无需新增硬件，实时监控识别，实时报警，快捷方便。系统服务器安装于工地指挥部内，与原监控系统共同运行。通过对前端视频数据进行边缘计算分析，智能抓取并保存特定行为和场景等，同时通过IP喇叭实时进行报警播报，具有方便维护、故障率低、易于使用、便于安装等优点。

（3）人员定位管理系统

结合智能安全帽实现人员精细化定位管理（图5-21），精确到楼层，区域人员一目了然。应用电子围栏，管理人员出入区域，实现人员的精细化管理，提升工地的安全指数。

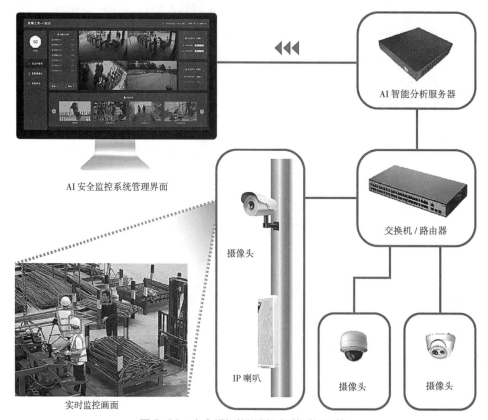

图 5-20　安全帽智能识别及智能喊话系统

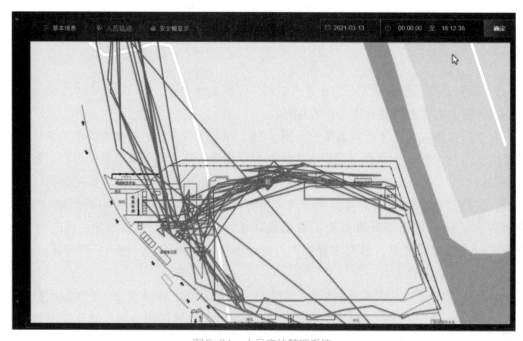

图 5-21　人员定位管理系统

大屏上可实时查看在场人员，分区域，分楼层，精细化定位。人员位置、有没有长期逗留，或者出入危险区域，一目了然。

（4）VR安全教育管理系统

VR安全教育管理系统采用成熟的VR、AR、3D技术，结合VR设备、电动机械，全面考量工地施工的安全隐患，以三维动态的形式全真模拟出工地施工真实场景和险情，实现施工安全教育交底和培训演练，劳务人员可通过VR安全教育管理系统"亲历"施工过程中可能发生的各种危险场景，并掌握相应的防范知识及应急措施。

图5-22　VR安全教育体验馆

图5-22为VR安全教育体验馆，系统模拟高处坠落、物体打击、机械伤害、坍塌伤害、触电伤害和火灾伤害6种典型的伤害类型，30个安全教育场景。同时支持在线教育培训，可组织人员同时观看视频，完成在线教育学习；人员培训签到，签退以及考核评分记录在册，形成培训台账。可提升劳务人员的安全意识，节约管理人员整理档案材料的时间。

3. 环境管理

环境管理系统（图5-23）通过配置环境检测仪和自动化降尘设施，与智能施工管理系统平台形成联动，由平台自动控制喷淋装置的开启和关闭。

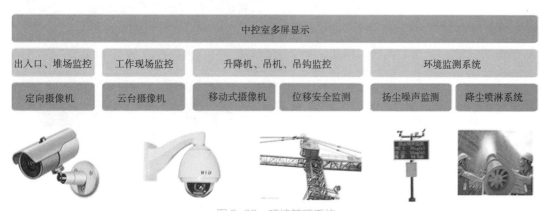

图5-23　环境管理系统

（1）扬尘监测联动雾炮喷淋管理系统

扬尘监测联动雾炮喷淋管理系统（图5-24），通过计算机和不同的通信方式，实现环境中扬尘及各气象要素的实时在线数据采集与分析处理，对存在运行问题的扬尘及声环境进行了解，为研究人员提供便捷、可靠的数据服务，为决策指挥者提供理论依据，为管理人员提供方便、快捷的日常操作与维护依据，起到维护和预防的目的。

喷淋系统通过GPRS移动数据网络与现场扬尘检测及视频监控相连接，实现对监测数据的实时监控，当现场颗粒物浓度出现异常，预警功能就会开启，管理人员即可通过手机终端远程开启喷淋系统，启动应急预案，进行降尘，实现对现场扬尘污染的防控和治理。

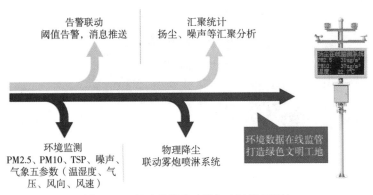

图5-24　扬尘监测联动雾炮喷淋管理系统

当监测值超出预警值时，触发平台报警，形成报警记录，并联动雾炮喷淋、塔式起重机喷淋、围挡喷淋进行联动除尘。

（2）车辆未冲洗抓拍系统

车辆未冲洗抓拍系统是利用视频监控技术，在各施工场所出入口装备图像抓拍识别设备，管理车辆进出情况，识别进出车辆冲洗状态，平台展示界面如图5-25所示。

（3）AI视频监控

AI视频监控是利用AI视频监控与智能分析技术，实时把握施工全场环境

图5-25　车辆未冲洗抓拍系统

状况，如图5-26所示，如发现超标现象或违规行为，主动抓拍并报警，并将警报信息同步至相关人员手机上。

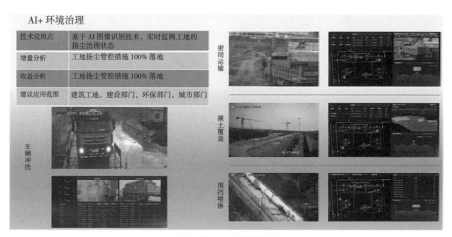

图 5-26 AI 视频监控

 学习小结

本节主要学习了智慧工地平台的架构及主要功能模块，该平台打造了智慧工程数据底图，融合多规合一数据，形成多用途专题应用，为智能施工管理和应用提供数据支撑。

知识拓展

码 5-7 某智慧工地平台案例介绍

习题与思考

1. 填空题

（1）智慧工地平台围绕"人、机、料、法、环"五大要素构建展现层、业务层、服务层、设备层四大层级架构，设计_____、_____、_____等多个功能模块，实现工地全要素全场景覆盖。

（2）智慧工地平台通过将业务处理标准化和工程管理核心流程优化、数字化，建立具有国际工程管理理念和模式的_____系统，达到_____、_____、_____和_____的目的。

2. 简答题

（1）简述智慧工地平台的定义及价值。

（2）简述智慧工地平台安全管理的主要功能。

码 5-8 习题与
思考参考答案

5.4　认知供应链管理

一、知识目标

1. 了解供应链管理的内容；

2. 掌握供应链管理的应用及内容。

二、能力目标

1. 能说明供应链管理的组成内容；

2. 理解构建供应链管理的必要性。

三、素养目标

1. 具有良好倾听的能力，能有效地获得各种资讯；

2. 能正确表达自己思想，学会理解和分析问题。

学习任务

对供应链管理的内涵、组成、内容及应用有一个全面了解，为智能施工管理的应用打下基础。

建议学时

2 学时

思维导图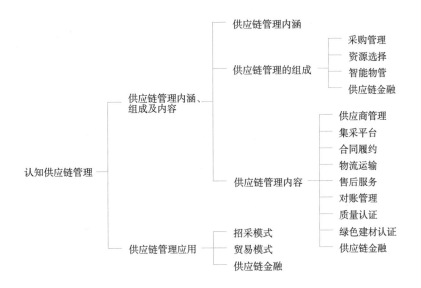

5.4.1　供应链管理内涵、组成及内容

1. 供应链管理内涵

《住房和城乡建设部等部门关于推动智能建造与建筑工业化协同发展的指导意见》明确提出发展智能建造，加大智能建造在工程建设各环节的应用，形成涵盖科研、设计、生产加工、施工装配、运营等全产业链融合一体的智能建造产业体系。该指导意见强调了智能建造全产业链的融合，以产业链的完善推动智能建造产业体系的发展，供应链是产业链的重要组成部分，从智能建造特点出发，构建核心企业供应链组织模式，才能更好地推动智能建造产业的建设发展。

供应链管理就是对供应链涉及的全部活动进行计划、组织、协调与控制。随着全球经济的一体化和信息技术的持续发展，实施供应链管理已经成为许多企业应对空前激烈的全球化市场竞争的重要选择。对于我国智能建筑的发展来说，按照现代供应链管理的基本原则和方法构建智能建筑建设项目的供应链，客观上已经成为推进我国智能建造产业发展和智能建造项目管理水平提升的重要工作。

2. 供应链管理的组成

供应链管理包括采购管理、资源选择、智能物管和供应链金融，它们共同构成了供应链管理，相互关联、相互支持，旨在实现供应链的高效运作，降低成本，提升客户满意度和增强竞争力。

（1）采购管理。采购管理是供应链管理中的重要环节，涉及从供应商处购买所需的物资和服务。采购管理的目标是确保物资的准时供应、质量可靠和成本控制。它包括供应商选择、采购计划、采购订单管理、供应商评估等方面。

（2）资源选择。资源选择是指在供应链中选择适合的供应商和合作伙伴，以确保供应链的高效运作和优质服务。资源选择涉及评估供应商的能力、信誉和可靠性，选择合适的供应商来满足需求，并建立长期合作关系。

（3）智能物管。智能物管是利用物联网（IoT）、传感器、数据分析等技术来实现对物流和仓储过程的智能监控和管理。它可以实时追踪物流信息、优化仓储布局、提高物流效率、降低库存成本等，提升供应链的可视性和管理能力。

（4）供应链金融。供应链金融是通过金融工具和服务来支持供应链中的资金流动和交易。它包括供应链融资、结算和支付、风险管理等方面，目标是优化供应链中的资金流动，提高参与方的资金利用效率，降低融资成本，并增强供应链的稳定性和灵活性。它可以为供应链参与方提供更多的融资选择和工具，促进合作伙伴之间的信任和合作，从而改善整个供应链的运营效果。

3. 供应链管理内容

（1）供应商管理。平台维护供应商库，外部供应商可按照平台规范要求，进入供应商准入流程。经过准入申请，资质审查，样品重复检测等流程并合格后，进入到平台合格供应商名录，可参与后续项目的采购需求的响应。

（2）集采平台。平台聚集建造行业的全链企业，并规范各细分领域的物料标准，如建材、PC 构件、钢结构等。

（3）合同履约。平台建立电子合同管理体系，采用电子合同在线，规范合同签订和执行流程，降低合同风险。各环节的检测及评价均会影响供应商的考评。

（4）物流运输。平台为各项目提供原料运输监控服务，包括电子运输单、车辆调度信息、货物实时位置、车辆自动进场、货物清点反馈等服务。

（5）售后服务。平台为客户提供多种服务方式，包括电话咨询、在线客服、上门服务等，保证 PC 构件与建材的维护保养、维修服务等。平台建立客户档案，包含客户的购买记录、反馈意见等信息，为后续服务提供参考。

（6）对账管理。平台明确订单款项和服务费用的计算方式和标准，确保结算公正合理。按照合同约定的时间和方式，定期对供应商进行结算，及时支付款项。

（7）质量认证。①平台引入权威监测机构如中国建筑材料检测认证中心等，与其合作建立质量认证体系；②制定认证标准，依托行业知识库和相关行业标准，制定质量标准；③认证评估，对建筑材料及 PC 构件进行质量检测和评估，切实响应"为人民群众建好房子"的号召。

（8）绿色建材认证。平台推广使用绿色建材，建立绿色建材认证体系，为建筑材料原材料采购、生产过程、产品质量进行检测和评估。

（9）供应链金融。平台与金融机构合作，建立供应链金融服务体系，为上下游企业提供融资服务。

5.4.2　供应链管理应用

随着智能建造不断推进，建筑工程智能施工管理覆盖面逐渐增大。施工单位作为施工阶段中游市场的参与主体，不但要通过上游市场的劳务公司、材料设备供应商获得传统建造活动所需要的人、材、机，还需要向构件供应商采购标准化的部品部件，向智慧工地系统供应商采购智能化管理服务平台；并向下游终端需求方——以房地产公司为代表的各类有建筑开发需求的市场主体，提供专业化、精细化的工程管理服务和最终的建筑产品。

建筑业多采用设计、施工、运营等各个环节分离的模式，供应链上各个企业相对独立，业务流程相互分隔使主体间无法有效沟通，难以实现产业协同均衡发展。通过智慧供应链管理系统建立一张协同互联、内外互通的业务网络，将供应链入口集中、供应链业务在线、供应链角色接入，智慧供应链系统平台可以帮助企业广泛连接上下游，打破企业管理边界，构建企业的供应链生态体系。通过构建智慧供应链大数据平台获取多方数据，以数字化推动建筑业态全面可视化、效率化、集成化、低成本化。智慧供应链大数据平台通过供应链智能化平台与供应链生态组织者，形成多方链接、数据打通、数据集中、数据分析，形成多方接入口，使施工企业、客户、银行、金融资本、社会资本、物流企业、仓储企业、政府部门、行情信息等进入，同时利用数据应用，实现可视化、效率化、集成化、低成本化。

以某集团集采平台为例，通过打造供应链管理平台，提升整体供应链管理水平，降低采购成本。

1. 招采模式

（1）平台式集中采购

项目部根据特定生产要素（工程材料、工程设备、工程分包、劳务分包），进行计划申报，经分公司初审，集采中心复核后组织采购，采购主体为分公司、项目部。招标公告（投标邀请书）、招标文件、澄清事宜和中标公示等招标信息由分公司在平台上发布，招标、开标、评标、定标由实际采购主体与集团集采中心共同组织，即统一计划各自采购。

（2）统筹式集中采购

项目部根据特定生产要素（工程材料、工程设备、工程分包、劳务分包）申报计划，达到一定标准采用统筹式集中采购。发布招标公告（投标邀请书）、招标文件、澄清事宜、接受标书、开标、评标、定标、中标公示等由集采中心统一组织实施，在平台发布，特殊情况线下组织招标,采购主体为集采中心。采购合同由分公司或项目部按照授权权限签订,即统一计划统一采购。

（3）分散式采购

项目部对不适用集中采购的其他资源采用分散采购模式,由项目部等需求部门按照授权自主实施采购,采购流程必须通过平台实施。

2. 贸易模式

某集团各分子公司或项目部以独立采购主体发布招标需求,集团集采中心汇总后通过不招标（直接定标）方式默认贸易公司中标,再通过背靠背招标投标模式直接发布招投需求,定标后贸易公司与供应商签订合同,同时生成背靠背的采购主体与贸易公司的采购合同,供应商实际供货给采购主体。贸易公司在整个招标过程中涵盖采购主体和供应商双重身份,平台支持双边合同签订及分散订单式供货。同时对接第三方运输管理系统（TMS）,涵盖车辆调度、任务下单、轨迹跟踪、运费结算等功能。贸易模式如图 5-27 所示。

图 5-27　贸易模式

3. 供应链金融

某公司的基于区块链技术的供应链金融科技平台,利用当下先进的信息技术形成一体化的闭环运行系统,使得集团各分子公司或项目部在该系统中能够更加规范地记录合同流、物流、发票流及企业公共信息流的整个过程,进而让金融机构能够直观地对建筑企业及其上下游企业的资质、运营能力和经济能力进行准确判断。

基于区块链技术的供应链金融平台由金融机构主导,公司和供应商共同参与。平台可以对集团债权凭证的拆分和流转进行确权,其产生的债权凭证,可以通过各参与方达成共识后形成的智能合约,进行灵活的拆分,其任何拆分行为都会记录在区块链网络中,无法篡改;在流转的过程中,集团背书保持不变,金融机构可以完全信任链上的业务数据;同时,区块链网络支持权限管理能力,通过不同的权限配置策略来保护各交易参与方的数据安全,确保各节点只能看到与其业务相关的授权数据。供应链上各参与方不用担心核心数据在链上被公开或泄露。在保证建筑供应链各参与方数据安全的前提下,区块链网络通过集团信用背书,解决了其信用传递难题。

同时,将供应链上企业的合同信息、物流信息、发票信息、企业基本信息等各类资产转化为区块链中的数字资产,并依托集团信用,实现数字资产在区块链中的自由流转,从而打通产业链上下游关系。同时,利用区块链技术具有实时、公开、透明、可信的特性,记录各外部机构（政府监管部门、金融机构等）对业务流程的操作行为,避免传统业务线上申请、线下审批的烦琐流程，减少交易信息审核、身份核验和信贷流程的办理时间，提升各参与方的业务协同效率。

供应链金融科技平台（图5-28）运用数字化技术，在不同维度帮助金融机构规避风险的同时降低融资综合成本，在贷前精准描绘业务画像和用户画像，并建立以实时数据分析为基础的动态贷后预警与风险监控体系。帮助金融机构满足客户个性化需求、降低客户成本、提升客户体验；同时，既降低金融机构合规成本、获客成本、风控成本、运营成本、揽储成本，又有效规避风险。平台采用"供应链金融＋区块链"的模式，可办理应收账款的签发、转让、承兑、支付、兑付等业务，将应收账款转化为电子支付结算和融资工具，盘活了原本流动性较差的应收账款资产，为供应链核心集团、一级材料供应商及上游供应商等企业拓展了创新型融资渠道，构建了新的供应链金融生态。

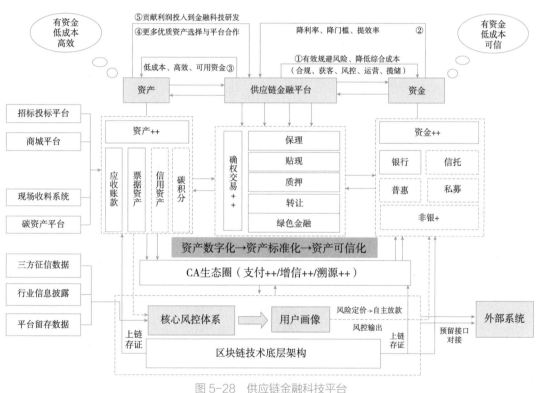

图 5-28　供应链金融科技平台

📱 学习小结

本节主要介绍了供应链管理的概念，以及进行供应链管理的意义，通过构建供应链管理系统可以推动建筑业态全面可视化、效率化、集成化、低成本化。通过打造供应链管理平台，提升整体供应链管理水平，降低采购成本。

知识拓展

码 5-9　智慧工地供应商管理系统

习题与思考

1. 填空题

（1）供应链管理包括_____、_____、_____和_____，它们共同构成了供应链管理，相互关联、相互支持。

（2）_____作为施工阶段中游市场的参与主体，不但要通过上游市场的_____、_____获得传统建造活动所需要的人、材、机，还需要向_____采购标准化的部品部件，向_____采购智能化管理服务平台；并向下游终端需求方——以_____为代表的各类有建筑开发需求的市场主体，提供专业化、精细化的工程管理服务和最终的建筑产品。

2. 简答题

（1）概述供应链管理的内涵。

（2）概述供应链管理的主要内容。

（3）以一个实例概述供应链管理的具体应用场景。

码 5-10　习题与思考参考答案

5.5　认知进度管理

教学目标

一、知识目标

1. 了解进度管理的内容；

2. 了解进度管理的应用；

3. 掌握进度管理流程。

二、能力目标

1. 能够掌握 BIM 4D 进度管理的可行性和优越性；

2. 能够掌握进度管理的方法及流程。

三、素养目标

1. 具有良好倾听的能力，能有效地获得各种资讯；

2. 能正确表达自己思想，学会理解和分析问题。

学习任务

对进度管理的内容、优势及 BIM 4D 进度管理应用有一个全面了解，为智能施工管理的应用打下基础。

建议学时

1 学时

思维导图

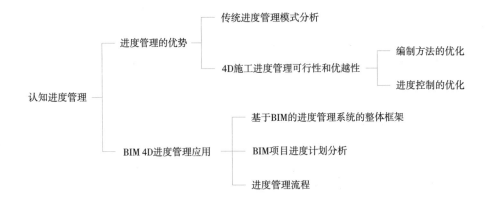

5.5.1 进度管理的优势

在智能建造项目中将 BIM 模型与施工组织计划进行绑定,通过施工流水单元进行拆分,形成 4D 进度管理模型,层层递进并通过计划进度和实际进度的对比,寻找差异原因,进行进度控制和优化。

1. 传统进度管理模式分析

传统的施工进度管理主要通过甘特图(横道图)、网络计划技术、关键链法等管理技术,以及 Project、P6 等项目管理软件以提升项目进度管理水平。然而单纯依靠管理者的项目经验和主观判断编制完成的进度计划,难免存在不合理之处,更重要的是传统进度管理方式无法清晰地表达出各种复杂的施工进度计划和施工组织关系,从而无法适应施工过程中的动态变化,工期延误现象时有发生。

2. 4D 施工进度管理可行性和优越性

基于 BIM 技术的 4D 施工进度管理是指在建设工程的施工阶段,利用 BIM 技术的三维可视化的特点,按照施工进度计划对施工全过程进行动态仿真模拟。在工程实施中,通过 BIM 生长模型对比计划进度与实际施工进度的实际差距,充分考虑施工中可能出现的问题,及时调整进度计划,以保证按时完成任务。

(1)编制方法的优化

4D 施工进度管理模式是以 BIM 模型为基础,模型里包含了大量的数据信息和施工活动组成。在施工项目的 BIM 模型建立完成后,能够确定繁杂的施工活动之间的逻辑关系(物理关系、工艺关系、组织关系)。在 BIM 的 IFC 标准下,能够满足传统的工作量算法的信息表达和交流,不需要在不同部门进行数据的转换和协调,节约了进度编制时间。

（2）进度控制的优化

1）施工的信息优化模型：BIM 4D 进度施工模型，包含了各种构件的材料信息和项目的各种资源信息。施工前，在 BIM 的相关软件下，进行可视化的模拟施工，对施工的组织和安排，以及材料的供应关系、资金供应等提前进行沟通和协调，避免材料和资金的不协调供应导致施工进度延迟而带来损失；BIM 模型的施工方案加上时间维度形成的施工模型，在施工模拟阶段，自动地根据利用的资源和工期要求，合理分析项目进度计划的准确性和优化进度，形成了各个部门的一个信息交流桥梁，有利于项目参与方的工作协同和意见协同。

2）施工的风险预警机制：首先，基于模型构建的虚拟施工环境能够进行施工过程的仿真、数值模拟和在施工场地模拟施工。对项目潜在的风险进行分析，能够确保施工的时间，以预防可能出现的问题。其次，对于施工操作冲突和设施碰撞检测进行分析，由于此模型是时空模型，在施工模拟的过程中可以对场地设施之间，施工机械之间以及建筑内部功能（暖通设施、水电设施、消防设施等）之间的碰撞进行检测，避免施工时出现上述风险，以此来保证施工进度。

5.5.2 BIM 4D 进度管理应用

1. 基于 BIM 的进度管理系统的整体框架

信息采集系统、信息组织系统、信息处理系统三者之间是一种层层递进、前者是后者基础的关系。

（1）信息采集系统负责自动采集业主、设计单位、施工单位、供应商等各参与方的有关项目的类型、人工、材料、机械、功能构件、工程量、建造过程、运行维护等项目全生命周期内的信息。

（2）信息组织系统在信息采集基础上按照特定规则、行业标准和实际应用需要对其信息进行编码、分类、存储、建模。

（3）信息处理系统则是利用信息组织系统内标准化、结构化的信息，在项目全生命周期内为项目各参与方提供施工过程模拟、成本管理、场地管理、运营管理、资源管理等。

2. BIM 项目进度计划分析

（1）基于 BIM 的进度管理工作分解及计划编制

通过总进度计划、周进度计划、日常工作编制流程后，还需结合作业工期、各工序间逻辑关系、资源配置、成本估算及预算设定等条件制定项目进度计划，利用 Project 等进度计划工具完成总进度计划编制，再结合模型数据、工程量等逐一估计作业时间及各工序间逻辑关系。

（2）计划分析与目标建立

进度计划初步完成后，再对计划从最小工作分解级别划分、资源分配、作业工期、施工工序、施工工序限制条件等方面进行分析，以确定计划的合理性。

3. 进度管理流程

（1）收集数据，并确保数据的准确性。

（2）根据不同深度、不同周期的进度计划要求，创建项目工作分解结构（WBS），分别列出各进度计划的活动（WBS 工作包）内容。根据施工方案确定各项施工流程及逻辑关系，制订初步施工进度计划。

（3）将进度计划与模型关联生成施工进度管理模型。

（4）利用施工进度管理模型进行可视化施工模拟。检查施工进度计划是否满足约束条件、是否达到最优状况。若不满足，需要进行优化和调整，优化后的计划可作为正式施工进度计划。经项目经理批准后，报建设单位及工程监理审批，用于指导施工。

（5）结合虚拟设计与施工（VDC）、增强现实（AR）、三维激光扫描（LS）、施工监控及可视化中心（CMVC）等技术，实现可视化项目管理，对项目进度进行更有效跟踪和控制。

（6）在选用的进度管理软件系统中输入实际进度信息后，通过实际进度与项目计划间的对比分析，发现二者之间的偏差，分析并指出项目中存在的潜在问题。对进度偏差进行调整以及更新目标计划，以达到多方平衡，实现进度管理的最终目的，并生成施工进度控制报告。

基于对各专业进度指标数据的集中管理及统筹运算分析，将各施工单位的计划工作总量、计划工期、当前已完成工作总量、当前实际工期等各项进度、成本数据进行汇总，结合工程建设净值分析等管理方法，实现对各项目工期推进情况的预警及报警提醒。帮助建设管理人员，从全局更直观地及时掌握各项目工期进度情况，在及时发现项目推进隐患、分析全线路工期进展问题、有序调度各项目工作协同推进等诸多方面，提供智能辅助支撑。

 学习小结

本节主要学习进度管理的优势，进度管理系统的整体框架，并简单介绍了进度管理的流程，形成进度精细化管控。

知识拓展

码 5-11　BIM 4D 进度管理案例

习题与思考

1. 填空题

（1）将 BIM 模型与施工组织计划进行绑定，通过_____进行拆分，形成_____模型，通过_____和_____的对比，寻找差异原因，进行进度控制和优化。

（2）基于 BIM 的进度管理系统的整体框架中，_____、_____、_____三者之间是一种层层递进、前者是后者的基础的关系。

2. 简答题

（1）概述传统进度管理模式存在的问题。

（2）概述 4D 施工进度管理的可行性和优越性。

码 5-12　习题与思考参考答案

5.6 认知成本管理

教学目标

一、知识目标

1. 了解成本管理的概念；

2. 了解成本管理的应用。

二、能力目标

1. 能够分析 BIM 5D 成本管理的优势；

2. 能够使用成本管理功能。

三、素养目标

1. 具有良好倾听的能力，能有效地获得各种资讯；

2. 能正确表达自己思想，学会理解和分析问题。

学习任务

对成本管理的概念、优势及 BIM 5D 成本管理应用有一个全面了解，为智能施工管理的应用打下基础。

建议学时

1 学时

思维导图

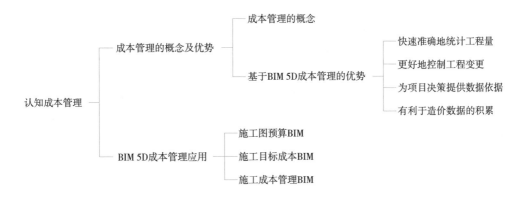

5.6.1 成本管理的概念及优势

1. 成本管理的概念

施工项目成本是施工企业以施工项目为成本核算对象，按制造成本法计算的发生在施工过程中的全部生产性费用，包括消耗建筑材料和构配件的费用、周转材料的损耗和租赁费用、施工机械的使用或租赁费、支付给生产工人的费用、支付给分包商的费用以及施工项目经理部为组织和管理施工过程所需发生的管理费用等。

成本管理包括成本目标、成本计划、成本控制等环节，成本目标和成本计划为控制成本提供了依据，而成本控制通过对实际成本的控制、分析和核算，保证目标的实现。传统成本管理需要在规范成本科目的基础上，将成本项目进行归集，以统一的成本科目维度进行管理。

随着 BIM 技术在建筑行业的应用，BIM 具备集成信息和传输信息的优势在项目管理中的作用越来越凸显，尤其近年来，在 BIM 模型的基础上加载时间维度和成本维度的信息，使得基于 BIM 5D 技术对工程计量计价、进度管理、物资管理、安全质量管理实施动态的监督控制，进行阶段性成本分析和成本考核，发现偏差及时纠偏。同时，成本管理过程中所产生的数据会同步更新到 BIM 协同管理平台及项目管理信息云端共享，建设项目各参与方可以通过移动设备随时查看有关信息，对施工成本进行精细化管理，如图 5-29 所示。

2. 基于 BIM 5D 成本管理的优势

（1）快速准确地统计工程量。BIM 5D 平台中基于三维信息模型直接统计工程量，三维模型中的构件不再只是二维的线条表达而是集成了几何信息及各种参数的数字化表达，在工程量统计模块可以直接识别并进行工程量统计，其统计速度快、计算准确。准确的

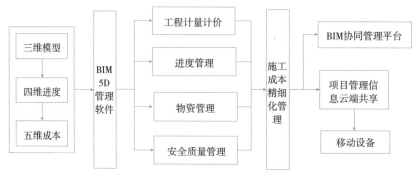

图 5-29　施工项目 BIM 5D 精细化成本管理过程

工程量是工程预算、工程变更签证控制和工程结算的基础，也使短周期成本分析不再困难。在工程量统计方面大大节省了造价工程师的时间和精力，让他们可以把更多的精力放在成本分析。另外，自动统计工程量不受人为因素的影响，提高了数据准确性，为下一阶段的成本管理工作打下好的基础。

（2）更好地控制工程变更。工程变更一直是造价工程师进行施工成本管理的一大难点，一旦发生变更，造价工程师需要手动检查图纸，在图纸中确定变更的内容和位置，并针对变更对原工程量进行调整。这样的过程繁琐、耗时长而且不太可靠。此外，对变更图纸、变更内容等数据的维护工作量大，需要专门的软件辅助查询。在 BIM 5D 平台中，可以将成本信息与三维信息模型进行关联，当发生变更时，可以直接修改三维模型，系统会自动检测出发生变更的部分，并显示出变更结果，与此同时，成本信息也会随之更新，随即统计出变更工程量并将结果反馈给施工管理人员，让他们及时掌握因为工程变更对造价的影响，并利用这些成本数据结合进度信息进行合理的资源分配。

（3）为项目决策提供数据依据。在进度管理 4D 模型的基础上关联成本信息生成 BIM 5D 模型，为项目管理者合理安排资金计划和资源计划提供数据依据。5D 模型中可以统计出任一时间段、任一部位、任一分部分项工程的工程量，数据粒度达构件级，辅助管理人员快速制订合理的劳动力计划、资金计划、资源计划，并且可以在施工过程中结合实际进度和进度对比合理调整资源安排，高效地进行成本进度分析。同时，BIM 5D 支持多方案比选，可在多个方案的实施模拟过程中，进行对比、分析、选择和优化，确定最优方案。因此，从项目整体来看，通过 BIM 可提高项目策划的准确性和可行性，进而提升项目管理水平。

（4）有利于造价数据的积累。在 BIM 5D 平台中进行三维模型与各类信息的集成，形成带有设计和施工全部信息的三维模型，便于数据的存储和积累。

5.6.2 BIM 5D 成本管理应用

BIM 应用过程，要满足传统要求，应将各成本项目与建筑实体模型的构件进行关联，从构件维度对成本进行管理。

1. 施工图预算 BIM

施工图预算 BIM 应用一般用于建设工程施工预算的招标控制价编制、招标预算工程量清单编制、投标预算工程量清单与报价单编制、工程成本测算等工作，帮助提高工程量计算、计价的效率与准确率，降低管理成本与预算风险。

施工图预算 BIM 应用的目标是通过模型元素信息自动化生成、统计出工程量清单项目、措施费用项目，依据清单项目特征、施工组织方案等信息自动套取定额进行组价，按照国家与地方规定记取规费和税金等，形成预算工程量清单或报价单。

在施工图预算中，模型不能自动生成工程量清单编码，无法做到工程量清单项目统计。措施费项目与施工图预算模型不发生直接关系，更无法统计，需借助其他软件或插件，在模型元素实体量的基础上进行系数运算等。

算量模型应满足现行工程量计算、计价规范要求，确保模型的工程量与专业预算软件统计的工程量接近或一致。

2. 施工目标成本 BIM

施工目标成本是指为完成一项工程所必须投入的费用，它由工程直接成本、综合管理（间接）成本组成。工程直接成本是直接投入工程，形成物质形态的产品所需要的费用，包括人工、材料和机械费用及其他直接成本。综合管理成本是除工程直接成本外组织项目实施所必须支付的费用，主要包括管理人员的工资、上级管理费、办公费用等。工程直接成本有明确的载体，综合管理成本大部分没有明确的载体，因此，基于 BIM 的目标成本编制主要是对直接成本进行的。

3. 施工成本管理 BIM

施工成本管理 BIM 应用的核心目标是利用模型快速准确地实现成本的动态汇总、统计、分析，实现三算对比分析，满足成本精细化控制需求。如施工准备阶段的劳动力计划、材料需求计划和机械计划，施工过程中的计量与工程量审核等。

应将模型中各构件与其进度信息及预算信息（包括构件工程量和价格信息）进行关联。通过该模型，计算、模拟和优化各施工阶段的劳务、材料、设备等的需用量，从而建立劳动力计划、材料需求计划和机械计划等，在此基础上形成成本计划。

在项目施工过程中的材料控制方面，按照施工进度情况，通过施工预算模型自动提取材料需求计划，并根据材料需求计划指导施工，进而控制班组限额领料，避免材料超支；在计量支付方面，根据形象进度，利用施工预算模型自动计算完成的工程量，方便根据收支情况控制成本。

施工过程中应定期对施工实际支出进行统计，并将结果与成本计划进行对比，根据对比分析结果修订下一阶段的成本控制措施。

学习小结

本节主要学习了成本管理的概念，熟悉基于 BIM 5D 成本管理的优势，通过综合运用 BIM，将各成本项目与建筑实体模型的构件进行关联，从构件维度对成本进行管理。

知识拓展

码 5-13　BIM 5D 技术在建设工程造价管理中的应用

习题与思考

1. 填空题

（1）施工项目成本是施工企业以_____为成本核算对象，按_____计算的发生在施工过程中的全部_____。

（2）成本管理包括成本目标、成本计划、成本控制等环节，_____和_____为_____提供了依据，而_____通过对实际成本的_____、_____和_____，保证目标的实现。

2. 简答题

（1）概述基于 BIM 5D 成本管理的优势。

（2）概述基于 BIM 5D 成本管理的应用。

码 5-14　习题与思考参考答案

5.7 认知智能检测

教学目标

一、知识目标

1. 了解智能检测的内容；

2. 了解智能检测的作用和地位；

3. 掌握智能检测技术的应用。

二、能力目标

1. 能够表述智能检测核心技术；

2. 能够应用智能检测技术。

三、素养目标

1. 具有良好倾听的能力，能有效地获得各种资讯；

2. 能正确表达自己思想，学会理解和分析问题。

学习任务

对智能检测的概念、核心技术、优势及应用有一个全面了解，为智能施工管理的应用打下基础。

建议学时

2 学时

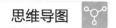 思维导图

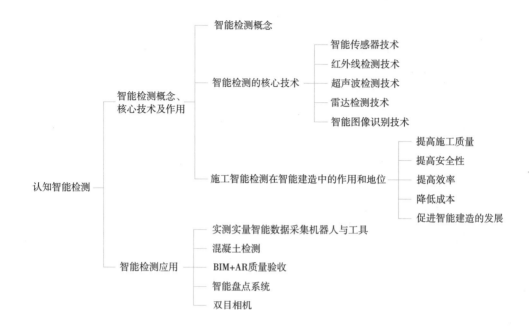

5.7.1 智能检测概念、核心技术及作用

1. 智能检测概念

智能检测是以多种先进的传感器技术为基础，同计算机系统结合，在合适的软件支持下，自动完成数据采集、处理、特征提取和识别，以及多种分析与计算，完成对各项目智能施工管理的过程。

2. 智能检测的核心技术

（1）智能传感器技术

智能传感器技术是将传感器与计算机技术相结合，实现对施工质量的实时监测和数据采集。常见的智能传感器包括温度传感器、湿度传感器、压力传感器等。传感器可以实时监测施工的温度、湿度、压力等参数，将数据传输到计算机中进行处理和分析。通过智能传感器技术，可以有效避免施工中的质量问题，提高施工效率和质量。

（2）红外线检测技术

红外线检测技术是一种非接触式的检测技术，可以通过红外线相机对作业表面的温度变化进行监测和分析，从而判断混凝土的硬化程度和强度。红外线检测技术具有精度高、效率高、安全可靠等优点，成为混凝土施工中常用的智能检测技术。

（3）超声波检测技术

超声波检测技术是一种利用超声波对建材内部结构进行检测的技术。通过超声波检测技术，可以实现对内部缺陷、裂缝等问题的快速检测和分析，从而保证建材的质量和安全。

（4）雷达检测技术

雷达检测技术是一种利用雷达波对内部结构进行检测的技术。通过雷达检测技术，可以实现对混凝土内部结构的高精度检测和分析，从而保证混凝土的质量和安全。

（5）智能图像识别技术

智能图像识别技术是一种利用计算机视觉技术对混凝土施工过程中的图像进行自动识别和分析的技术。通过智能图像识别技术，可以实现对混凝土施工过程中的质量问题进行自动检测和报警，从而提高施工质量和安全。

3. 施工智能检测在智能建造中的作用和地位

施工智能检测在智能建造中具有重要的作用和地位，相比传统的检测技术，智能检测技术是一个全新的领域，在施工的各个环节都可实现良好应用。施工智能检测是一种具有明显的技术密集型特征的智能装备和闭环管理的信息化、互联网系统，可以实现对施工现场实测实量、温度、湿度、光照、噪声、振动等数据的实时监测和控制，以及对施工材料、设备、人员等的实时监控和管理。可以大大提高工程实施效率，减少人力资源的使用，对施工安全和作业安全提供更好的保障。智能检测是施工建造过程中的保证质量的基础，是智能建造的重要组成部分。

（1）提高施工质量：实时监测施工现场的各种参数，如温度、湿度、振动等，及时发现并解决施工过程中出现的问题，从而提高施工质量。

（2）提高安全性：通过实时监测施工现场的安全状况，及时发现并处理潜在的安全隐患，从而提高施工现场的安全性。

（3）提高效率：通过实时监测施工现场的工作进度，及时发现并解决工作中出现的问题，从而提高施工效率。

（4）降低成本：施工智能检测可以减少因施工质量问题导致的返工和维修费用，同时也可以减少因安全事故导致的损失和赔偿费用，从而降低施工成本。

（5）促进智能建造的发展：施工智能检测是智能建造中的重要组成部分，可以推动智能建造技术的进一步发展和应用。

5.7.2 智能检测应用

1. 实测实量智能数据采集机器人与工具

传统测量中存在人眼读数有误差、测量效率不高、纸质登记麻烦、数据真实性难以保障等问题，实测实量智能数据采集机器人与工具为建筑测量提供了高效、准确、实时、可靠的测量手段。目前，施工现场主流的实测实量智能数据采集机器人与工具有实测实量机器人、智能靠尺、智能测距仪、智能卷尺、智能阴阳角尺、板厚测量仪等。

图 5-30　实测实量机器人

（1）实测实量机器人

如图 5-30 所示，实测实量机器人可进行全墙面、多指标一次性全采样测量，具备测量精度高（±1.5mm）、测量时间快（3min 完成单房间测量）、一人一机操作简单等特点。机器人一次性完成单房间空间扫描及测量工作，并输出实测实量结构化指标项数据，主要实测指标包括开间、进深、净高、墙面平整度、墙面垂直度、顶板水平度极差、地面水平度极差、地面平整度、门窗洞口尺寸偏差、柱间距等。实测实量机器人可通过边缘计算，离线自动输出结构化数据结果，包含受测房间可交互的三维模型、各测量指标结果、与设计值的比对结果。

（2）实测实量智能工具

1）智能靠尺

智能靠尺可以通过内置红外传感器来检测墙体的垂直度和平整度，将测量结果显示在电子屏上，并数据通过蓝牙模块回传，避免传统靠尺测量时需手工记录的繁琐，如图 5-31 所示。

2）智能测距仪

智能测距仪是一种利用单点激光技术进行点对点距离测量的工具。它可以用于任意两点的距离测量，数据通过蓝牙模块回传。其适用于各种建筑工程领域，如土方两点间距测量、门窗洞口尺寸测量等，如图 5-32 所示。

3）智能卷尺

智能卷尺是一种可伸缩的测量工具，可用于建筑构件几何尺寸测量。它可以轻松地

图 5-31　智能靠尺

图 5-32　智能测距仪

测量建筑物的长度、宽度、高度等参数，如门窗洞口的截面尺寸测量，数据通过蓝牙模块回传，提高施工过程中的数据收集效率，如图 5-33 所示。

4）智能阴阳角尺

智能阴阳角尺是一种专门用于测量阴阳角方正度的工具。它可以通过高精度传感器来检测角度变化，确保阴阳角的施工质量达到设计要求，数据通过蓝牙模块回传，如图 5-34 所示。

图 5-33　智能卷尺

图 5-34　智能阴阳角尺

5）板厚测量仪

板厚测量仪主要用于楼板、剪力墙、梁、柱等混凝土结构或木材、陶瓷等非磁体介质的厚度测量，双人联合开展测量，可实时精确显示板厚数据；数据通过蓝牙模块回传，如图 5-35 所示。如测量楼板厚度时，楼上主机屏幕和楼下显示器实时共享检测数据，方便沟通，提升效率，如图 5-36 所示。

图 5-35　板厚测量仪

图 5-36　双人联合测量

2. 混凝土检测

超声成像仪，具有单面检测、分辨率高、三维成像的特点，可对叠合墙、板叠合面等部位连接质量进行无损检测（图 5-37、图 5-38）。

（a）超声波成像仪感知面

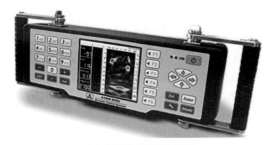

（b）超声波成像仪操作面

图 5-37　阵列式超声波成像仪

　　有效连接是实现装配式混凝土结构"等同现浇"设计的保证，连接部位的质量关乎结构安全问题。针对预制装配式建筑连接部位质量难以检测的问题，可采用阵列式超声波断层扫描技术对钢筋套筒灌浆饱满度、叠合墙板叠合面等部位的连接质量进行无损检测。

3.BIM+AR 质量验收

　　将 AR 技术与模型相结合，利用虚拟技术展示 BIM 数据，是 BIM 模型成果校核、现场隐

图 5-38　超声波成像仪断层扫描作业

蔽验收的一种技术手段（图 5-39）。通过智慧触控交互终端对现场各个阶段的施工质量进行指导及复核，若有偏差通过 AR 助手及时通知现场人员进行调整，始终保持现场与模型的一致性，为后续 BIM 运维打下基础。

图 5-39　BIM+AR 质量验收

4. 智能盘点系统

　　智能盘点系统是一种基于人工智能技术的自动化盘点系统，可以用于钢筋、钢管等材料的清点。传统的盘点方式通常需要人工逐个检查材料的数量和位置，工作流程繁琐、耗时费力，并且容易出现误差。而智能盘点系统可以通过图像识别技术快速准确地识别出材料的数量和位置。

通过使用手机或相机拍摄钢筋、钢管的图像，智能盘点系统可以自动识别出材料的数量和位置，并将结果显示在屏幕上（图 5-40）。这种方式不仅节省了人力和时间成本，还可以减少人为误差，提高盘点准确性。

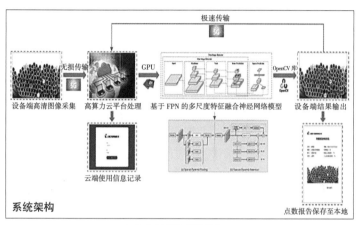

（a）自动点数系统架构

（b）自动点数报告界面

图 5-40　钢筋、钢管智能盘点系统

5.双目相机

双目相机可以用于钢筋间距检测，如图 5-41 所示。钢筋间距是指相邻两根钢筋之间的距离，其大小对于混凝土结构的强度和稳定性有重要影响。传统的人工检测方法效率低、精度不高，而双目相机可以通过对场景的立体视觉成像来实现钢筋间距的自动检测和测量。

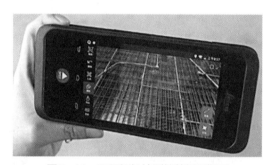

图 5-41　双目相机检测钢筋间距界面

在双目相机的系统中，两个摄像头分别安装在不同的位置上，通过计算两个摄像头之间的视差来获取场景的深度信息。然后，利用计算机视觉算法对图像进行处理，识别出钢筋的位置和形状，并计算出钢筋间距。

双目相机的优点是可以实现高速、高精度的钢筋间距检测，而且不受光照、角度等因素的影响。此外，它还可以自动化地完成检测任务，提高工作效率和准确性。因此，该方法在建筑结构工程中广泛应用。

 学习小结

完成本节学习后，读者应该对智能检测的五大核心技术及应用都有一定了解，理解智能检测在智能建造中具有的重要作用和地位。

知识拓展

码 5-15 数字化测量机器人介绍

习题与思考

1. 填空题

（1）智能检测的核心技术包括_____、_____、_____、_____、_____。

（2）超声检测仪具有_____、_____、_____的特点，可对叠合墙板叠合面等部位连接质量进行无损检测。

（3）智能盘点系统是一种基于人工智能技术的_____盘点系统，可以用于_____等材料的清点，可以通过_____技术快速准确地识别出材料的_____和_____。

2. 简答题

（1）概述智能检测的概念。

（2）概述智能检测的应用。

码 5-16 习题与思考参考答案

5.8　智能施工管理评价标准

教学目标

一、知识目标

了解智能施工管理评价标准的内容。

二、能力目标

学会使用智能施工管理标准进行评价。

三、素养目标

1.具有良好倾听的能力，能有效地获得各种资讯；

2.能正确表达自己思想，学会理解和分析问题。

学习任务

对智能施工管理的评价指标有一个全面了解，为智能施工管理的应用打下基础。

建议学时

1学时

思维导图

```
                                              ┌── 工程信息管理
                                              ├── 人员管理
                                              ├── 视频监控管理
                                              ├── 质量管理
智能施工管理评价标准 ── 评价指标 ──┤── 职业健康与安全管理
                                              ├── 机械设备及设施管理
                                              ├── 物料管理
                                              ├── 绿色施工管理
                                              └── 数字文档管理
```

5.8.1 评价指标

1. 工程信息管理（表 5-3）

工程信息管理评价表 表 5-3

序号	评价标准
1	总体信息包括工程名称、范围、地理位置、交通状况、业主单位及联系方式、监理单位及联系方式、施工单位及联系方式、招标投标文件、相关合同、开工证、工程效果图、BIM 模型展示、进度安排（里程碑）、工程概况等
2	管理平台应包括：工程信息管理、人员管理、视频监控管理、质量管理、职业健康与安全管理、物料管理、绿色施工管理、机械设备及设施管理、数字文档管理等功能，系统性能保证良好运转
3	通信网络应覆盖工地主要区域，包括施工现场办公区域、生活区域、施工区域等。施工现场的相关信息处理、存储、传输设备应有防止干扰的措施，并与强电分离

2. 人员管理（表 5-4）

人员管理评价表 表 5-4

序号	评价标准
1	人员管理系统实现实名制管理，包括劳务工人、特种作业人员以及施工单位项目管理人员
2	人员管理系统具备人员信息管理、考勤管理、门禁管理、人脸识别比对、信息统计与上传等功能
3	人员管理系统的人员信息齐全，应包括基本信息、合同信息、行为信息、班组信息、出勤信息等
4	人员管理系统具备相应的人员信息采集、识别、管理等设备，并满足以下要求： ①具备人员身份鉴别终端、人脸识别终端和门禁考勤等设备； ②具备从业人员身份证信息采集、人脸信息采集、工时统计、从业人员资格核验以及操作权限判别等功能； ③施工现场主要人员出入口具备支持人脸识别的门禁考勤设备
5	安全教育系统应具备对从业人员安全教育培训的信息化功能，并满足以下要求： ①具备从业人员安全教育在线学习、培训教育课程管理、培训教育数据统计分析功能； ②在项目生活区、办公区、人员出入口等区域设置信息化安全教育设施； ③具备对安全教育培训计划、执行情况的全过程记录、查询等功能

3. 视频监控管理（表 5-5）

视频监控管理评价表 表 5-5

序号	评价标准
1	视频监控应覆盖工地主要出入口、主干道路、制高点、施工危险区域、堆料库区等重点区域
2	视频监控系统具备实时显示、远程查看、视频存储、夜间监控、设备管理、权限管理等功能
3	视频监控系统监控画面应包括：人员外部特征、行为、位置等信息；材料位置、机械设备运行、车辆进出信息；施工进度、场地容貌等
4	智能监控系统应具备智能分析功能，并符合下列要求： ①具备未佩戴安全帽、未穿反光背心及明烟明火等场景智能识别报警功能； ②具备高空制高点自动扫描，形成全景拼图，实现图像测量； ③支持自动抓拍留存影像资料，报警信息自动推送管理人员并上传至管理平台

4. 质量管理（表 5-6）

质量管理评价表　　　　　　　　　　　　　表 5-6

序号	评价标准
1	支持移动设备进行质量隐患发起、整改、复查的闭环管理功能
2	具备对质量管理数据的信息统计、分析、超期预警、信息推送等功能
3	具备质量风险等级分类管理功能，并形成风险分级管控图表
4	可在移动端、PC 端对质量隐患数据进行记录、查询

5. 职业健康与安全管理（表 5-7）

职业健康与安全管理评价表　　　　　　　　　　表 5-7

序号	评价标准
1	支持移动设备进行安全隐患发起、整改、复查的闭环管理功能
2	具备对职业健康与安全管理数据的信息统计、分析、超期预警、信息推送等功能
3	具备安全风险等级分类管理功能，并形成风险分级管控图表
4	可在移动端、PC 端对安全隐患数据进行记录、查询

6. 机械设备及设施管理（表 5-8）

机械设备及设施管理评价表　　　　　　　　　　表 5-8

序号		评价标准
1	塔机、升降机	安装司机识别设备，司机认证信息上传管理平台
2	塔机监测	具备实时监测塔机各项运行参数的功能，参数信息包括重量、力矩、高度、幅度、回转角度、起升和回转速度、风速等
3		具备运行异常报警和信息推送功能；具备防止群塔作业发生碰撞的功能；具备控制吊钩避让固定障碍物的单机区域限制功能
4	吊钩可视	具备自动追踪、远程查看、实时查看、数据留存等功能
5		实现视频信息覆盖起吊作业全过程，无视野盲区
6	升降机监测	轿厢内宜具备视频监控功能；应实时监测升降机的各项运行参数，运行参数包含监测载重、轿厢倾斜度、起升高度、运行速度等；异常报警和信息推送功能
7	高支模监测	实现对高支模施工过程中模板沉降、立杆轴力、杆件倾角、支架整体水平位移等情况的实时监测、统计分析、远程预警功能
8		危险性较大的部位具备相应的监测传感器，其布置位置及数量符合专项方案规定
9	深基坑监测	实现对位移、沉降、地下水位、应力等数据变化实时监测、统计分析、远程预警功能
10		危险性较大的部位具备相应的监测设备，其布置位置及数量符合专项方案规定

7. 物料管理（表5-9）

物料管理评价表 表5-9

序号	评价标准
1	管理平台具备相关检验检测数据的留存、统计、查询、分析及偏差预警功能
2	具备智能物料功能，实现在物料现场验收时，对进入车辆统一调度和称重，并自动计算货物重量，同时数据上传至管理平台
3	具备钢筋智能点检功能，可通过AI技术，实现自动识别钢筋数量，同时数据上传至管理平台
4	具备见证取样检测功能，实现对进场材料复试取样、见证送检、试验检测、结果认证、不合格反馈等全流程记录
5	现场应及时对各强度等级混凝土取样，做到一标一码，实现质量追踪

8. 绿色施工管理（表5-10）

绿色施工管理评价表 表5-10

序号	评价标准
1	根据工地现场周边环境和现场施工情况部署环境监测设备，实现对环境数据的实时监测
2	具备智能监测用电消耗数据的能力，并提供用电数据统计、分析、预警、检索功能
3	具备智能监测用水消耗数据的能力，并提供用水数据统计、分析、预警、检索功能
4	做到建筑垃圾分类，有效减少施工过程建筑垃圾产生和排放，满足施工现场建筑垃圾排放量的相关要求
5	自动喷淋设备具备与扬尘监测系统联动控制的功能，实现自主降尘和定时控制，且建筑工地四周围挡的喷淋喷头间距不大于3.5m
6	在洗车平台设置监控摄像头，实现对进出车辆洗车情况的视频进行监控，将相关数据上传管理平台

9. 数字文档管理（表5-11）

数字文档管理评价表 表5-11

序号	评价标准
1	具备数字文档要求的各种文件格式安全存储和导入、导出功能，实现对文档进行新建、导入、复制、编辑、重命名、删除等操作
2	可以在系统设置中自定义设计文档目录结构模板；在设计文档目标节点下导入模板列表中预设的目录结构模板
3	具备对文件所有历史版本信息以及文件内容进行查看并允许获取历史版本文件，同时有详细的属性描述
4	通过添加权限应用对象对目标文件夹以及目标文件夹所有子文件夹进行可见性、新建、编辑、删除等权限设置，实现对文档目录进行新建、导入、复制、编辑、重命名、删除等操作
5	具备常用文件模板库、表单库、合同文件模板库，同时具备完善的更新、审核机制

 学习小结

本节主要学习了智能施工管理的评价指标，包括工程信息管理、人员管理、视频监控管理、质量管理、职业健康与安全管理等。

知识拓展

码 5-17　智慧工地评价

习题与思考

简答题

（1）概述智能施工管理的评价指标。

（2）尝试运用本节的评价指标对一个智慧工地项目进行评价。

码 5-18　习题与思考参考答案

6

建筑机器人
及智能装备

建筑机器人及智能装备的认知

建筑机器人的定义
智能建筑装备的定义
建筑机器人及智能装备的特征及意义
建筑机器人的发展现状和趋势

建筑建造机器人

智能测量机器人
建筑放样机器人
混凝土施工机器人
墙面作业机器人
砌砖机器人
搬运机器人
辅助机器人

智能装备类型

智能升降机
垃圾制砖机
智能挖掘机
建筑 3D 打印机

**建筑机器人及智能装备的应用评价及
案例**

建筑机器人及智能装备的应用评价
建筑机器人及智能装备的应用案例

6.1 建筑机器人及智能装备的认知

教学目标

一、知识目标

熟悉建筑机器人及智能装备的定义、分类、特征、意义、发展现状和趋势。

二、能力目标

1.掌握建筑机器人及智能装备定义、特征和意义;

2.能正确地理解建筑机器人及智能装备的发展前景。

三、素养目标

1.培养不屈不挠、不甘人后的创新精神;

2.培养精益求精、精益建造的工匠精神。

学习任务

通过学习建筑机器人及智能装备的定义、分类、特征、意义、当前的发展现状以及未来的趋势,帮助学生全面了解建筑机器人及智能装备在建筑行业中的应用和发展,为未来在建筑机器人与智能装备领域的学习和研究打下坚实的基础。

建议学时

2 学时

思维导图

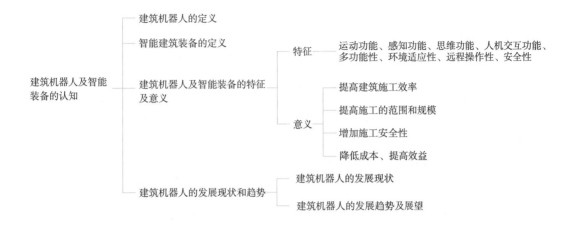

6.1.1 建筑机器人的定义

建筑机器人是指自动或半自动执行建筑工作的机器装置，其可通过运行预先编制的程序或依照人工智能技术制定的原则纲领进行运动，替代或协助建筑人员完成如焊接、砌墙、搬运、顶棚安装、喷漆等建筑施工工作，能有效提高施工效率和施工质量、保障工作人员安全及降低工程建筑成本。

根据国家市场监督管理总局、国家标准化管理委员会颁布的《特种机器人分类、符号、标志》GB/T 36321—2018，常用建筑机器人及智能装备见表6-1。

常用建筑机器人及智能装备（按不同应用领域）　　　　表6-1

序号	工程阶段	使用工序	机器人名称	使用功效
1	主体结构阶段（3款）	地下室顶板、底板和地坪	四轮激光整平机器人	施工精度、效率高，误差小于±2mm
2			履带式抹平机器人	操作简便、效率高
3			四盘抹光机器人	操作灵活、施工效率高
4	粗装修阶段（6款）	上部结构粗装	实测实量机器人	15min完成一户测量，测量精度高
5			墙面打磨机器人	效率是人工的2倍，自动连续工作
6		墙板安装	ALC墙板安装机器人	辅助搬运，自主定位
7		地下室、上部结构粗装	墙面喷涂机器人	效率是人工的3倍，供料充足情况下可自动连续工作
8			抹灰机器人	效率是人工的3倍，供料充足情况下可自动连续工作
9			砌筑机器人	自主砌筑墙体，效率是人工的2倍以上
10	辅助机器人（3款）	物料搬运	搬运机器人	自主搬运上楼，24h不间断工作
11		现场巡检	智能巡检机器人	自主导航巡检各楼层工作面
12		物料搬运	智能升降机	无人值守，与普通电梯功能一致

6.1.2　智能建筑装备的定义

智能建筑装备源于对人工智能的研究，是指通过数字化、自动化和智能化技术，实现高效、灵活、智能的制造生产和过程控制的建筑装备。智能建筑装备是先进制造技术、信息技术和智能技术在建筑装备产品上的集成和融合，体现了制造业的网络化、数字化和智能化。在生产过程中，将智能建筑装备通过通信技术有机连接起来，实现建筑施工过程自动化，并通过各类感知技术收集生产过程中的各种数据，基于工业以太网等手段，上传至工业服务器，在工业软件系统的管理下进行数据处理分析，并与企业资源管理软件相结合，提供最优的施工方案，最终实现建筑智能化。

6.1.3　建筑机器人及智能装备的特征及意义

1. 特征

（1）运动功能：可以自由移动和执行各种任务，如移动、转向、爬行、跳跃等；

（2）感知功能：可以通过传感器等设备感知环境信息，如视觉传感器、听觉传感器、触觉传感器等，从而做出相应的反应和决策；

（3）思维功能：可以进行自主学习和规划，具有一定的思维能力，能够根据环境信息做出相应的决策；

（4）人机交互功能：可以与人类进行交互，如语音识别、手势识别、面部识别等，从而更好地服务人类；

（5）多功能性：可以执行多种任务，如家庭服务、医疗保健、工业生产等，具有广泛的应用前景；

（6）环境适应性：可以适应不同的环境和任务，具有较强的环境适应性和抗干扰能力；

（7）远程操作性：可以通过网络连接和远程控制，实现远程操作和监控，方便远程管理和控制；

（8）安全性：具备必要的安全措施，包括防碰撞、防火、防盗、防电击等，确保在操作过程中施工人员和环境的安全。

2. 意义

随着科技的不断发展，人工智能技术已经逐渐进入了生活的各个领域，并在建筑工程领域中发挥了很大的作用。建筑机器人及智能装备具有精准、高效、灵活等优势，可以在工地上完成很多重复性、危险性较高的工作任务，对提升建筑施工规模、缩短施工周期、保障施工安全、降低人力成本等都有很大的帮助。

（1）建筑机器人及智能装备可以发挥更高效、精准的作用，提高建筑施工效率。传统的建筑施工主要依靠人工操作，需要耗费很多时间和精力，而且人为操作容易出现误差，增加了施工的难度和风险。相比于人工操作，智能机器人具有精准度更高、速度更快、效率更高的优势，可以更快更准确地完成各种任务。例如，在搬运材料、混凝土浇筑和装载卸货方面，智能机器人可以更加顺利、轻松地完成任务，降低人力成本，提高施工效率。

（2）建筑机器人及智能装备还能大大提高施工的范围和规模。在传统施工中，由于人力和时间等资源的局限性，建筑的规模和范围均受到一定的限制。而智能机器人的使用可以消除这些限制，可以更加有效地利用空间和资源，大大提高施工的能力，实现更大规模的建筑施工，推动建筑行业的发展。

（3）建筑机器人及智能装备可以增加施工安全性，保障施工过程安全。传统施工需要工人在危险的高空或深坑中进行作业，存在很大的安全风险。而智能机器人可以通过远程遥控或预设路径操作，避免人工在危险区域内作业，减少意外事故的发生，提高施工安全性。

（4）建筑机器人及智能装备还可以帮助企业降低成本、提高效益。传统施工需要大量的人力、物力和财力投入，成本较高。而智能机器人可以更加高效地完成施工任务，降低人力成本，节省耗费的时间和物资等，从而实现降低成本、提高效益的目标。

总之，建筑机器人及智能装备在未来建筑工程中的作用是十分重要的，可以通过提高效率、扩大施工规模、保障施工安全和降低成本等对建筑行业的发展产生积极影响。因此，我们应该深入探究建筑机器人及智能装备的应用，推广建筑机器人及智能装备的普及，加速智能化建设，实现建筑行业的智能升级。

6.1.4 建筑机器人的发展现状和趋势

1. 建筑机器人的发展现状

建筑机器人的概念最早在 20 世纪 70 年代提出，经过大量的试验，1982 年第一款建筑机器人（SSR-1）在日本成功应用到防火涂料作业中。此后美国、澳大利亚、欧洲等发达国家和地区也投入到建筑机器人研究中。近年来，我国企业开始研发建筑机器人，能够完成单一施工工艺的自动化或半自动机器人逐渐出现。建筑机器人能遥控、自动控制和半自动控制，可以进行多种作业，以自然作业为最大特征。建筑机器人的机种很多，按其共性技术可归纳为三种：操作高技术、节能高技术和故障自行诊断技术。随着机器人技术的发展，高可靠性、高效率的建筑机器人已经进入市场，并且具备广阔的发展和应用前景。

在国际市场上，建筑机器人的研究始于 20 世纪 70 年代，发展较早。全球建筑机器人市场仍处于培育期，国外对建筑机器人的研究和应用持续加速。近年来，中国在建筑机器人研发领域发力，但大部分技术专利还在研发阶段，并未在市场上规模化应用。2003—2022 年中国建筑机器人相关专利申请以及授权数量呈先上升后下降趋势，2020 年建筑机器人的专利授权量和申请量达到最高，专利申请数量 1.85 万项，专利授权数量为 0.96 万项，而后专利申请热度有所降低，截至 2022 年 12 月，2022 年专利申请数量为 0.68 万项，专利授权数量 1628 项。

2. 建筑机器人的发展趋势及展望

伴随人口红利的消退，巨大的人力成本、生产效率低等一系列问题日益严峻。虽然建筑机器人的技术研发和预期存在一定差距，但是我国对建筑机器人的使用需求较为迫切，且前景较为广阔。因此，更要加强对建筑机器人科技水平的重视，优化机器人使用方案，使建筑机器人的使用效果符合预期。要丰富建筑机器人的功能，在原有功能基础上不断改进和优化，使其更加满足实际的工作需求。例如，要创新传感器和智能控制模块，融入新型智能化控制技术，灵活应对复杂生产环节产生的影响，需要配合人工智能技术，使建筑机器人能够具备较强的深度学习功能；通过利用 5G 技术，加快信息传播速度，一方面提高现场控制效果，另一方面有助于应对各项突发情况。

建筑机器人的发展主要呈自主化、信息化趋势，并且基于建筑业智能化、精细化的新发展趋势，建筑机器人的潜力将被进一步挖掘。随着国内技术的不断进步，我国逐渐成为了全球机器人技术创新策源地、高端制造集聚地和集成应用新高地。2016 年至 2018 年，中国建筑机器人行业市场规模（按销售额计）由 0.3 亿元增长至 0.6 亿元，年复合增长率为 44%。在国内政策、需求、市场、技术、产业链等一系列因素的推动下，在"十四五"期间我国建筑机器人行业预计将呈现出市场不断扩大，应用领域扩张，生产基地逐渐转移等发展趋势。未来五年，中国建筑机器人行业规模将以 47.9% 的年复合增长率持续增长，并于 2023 年达到 5 亿元规模。

 学习小结

（1）建筑机器人是指自动或半自动执行建筑工作的机器装置，智能建筑装备是先进制造技术、信息技术和智能技术在建筑装备产品上的集成和融合，体现了制造业的网络化、数字化和智能化。

（2）建筑机器人及智能建筑装备有运动功能、感知功能、思维功能、人机交互功能、多功能性、环境适应性、远程操作性、安全性八大特征，能提高建筑施工效率，提高施工的范围和规模，增加施工安全性，降低成本、提高效益。

知识拓展

码 6-1　数字化施工管理与人机协同

习题与思考

1. 填空题

（1）主体结构阶段的三款建筑机器人包括_____、_____、_____。

（2）建筑机器人及智能装备的八大特征是_____、_____、_____、_____、_____、_____、_____、_____。

2. 简答题

（1）简述建筑机器人的定义。

（2）简述智能建筑装备的定义。

3. 讨论题

（1）我国为什么要大力发展建筑机器人及智能装备？

（2）想一想在哪些方面可以发展建筑机器人及智能装配，如何发展？

码 6-2　习题与思考参考答案

6.2 建筑建造机器人

教学目标

一、知识目标

熟悉各类建筑建造机器人工作原理、优点、应用场景。

二、能力目标

1. 具有较好的行业前沿探索能力，能够较快获得施工一线的新技术等；

2. 能正确地理解各类建筑建造机器人的应用场景。

三、素养目标

1. 培养不屈不挠、不甘人后的创新精神；

2. 培养精益求精、精益建造的工匠精神。

学习任务

对智能测量、建筑放样、混凝土施工、墙面作业、砌砖、搬运、辅助等建筑建造机器人有一个全面了解，掌握其作用、效果和应用场景，为建筑机器人及智能装配的学习打下坚实的基础。

建议学时

2 学时

思维导图

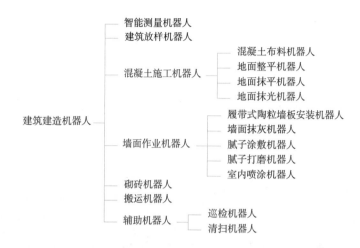

建筑建造机器人
- 智能测量机器人
- 建筑放样机器人
- 混凝土施工机器人
  - 混凝土布料机器人
  - 地面整平机器人
  - 地面抹平机器人
  - 地面抹光机器人
- 墙面作业机器人
  - 履带式陶粒墙板安装机器人
  - 墙面抹灰机器人
  - 腻子涂敷机器人
  - 腻子打磨机器人
  - 室内喷涂机器人
- 砌砖机器人
- 搬运机器人
- 辅助机器人
  - 巡检机器人
  - 清扫机器人

6.2.1　智能测量机器人

　　传统人工"实测实量"工艺虽简单，但需要消耗大量人力，且相关从业人员稳定性差，难以长期从事该工作。同时，人工测量存在主观性高、测量结果不稳定和客观性差等问题。

　　智能测量机器人（图6-1）作为一款用于施工质量检测的建筑机器人，主要应用在混凝土结构、高精砌块/墙板、抹灰、土建装修移交、装修、分户验收等阶段与环节，支持墙面平整度、垂直度、方正性、阴阳角、顶棚水平度、地面水平度、顶棚平整度、地面平整度、开间进深与极差等测量。通过模拟人工测量规则，使用虚拟靠尺、角尺等完成实测实量，具备全自动测量、高精度成像、智能报表生成、多维度分析等功能。测量结果包括墙面爆点、顶棚爆点、楼板板底水平度、地面水平度、开间进深、阴阳角、方正性等数据；结果页面有户型图例，精度、打磨修补量等都可调节；测量结果有门洞的净身尺寸，误差在±3mm以内，较人工测量更客观和准确。

图6-1　智能测量机器人

6.2.2　建筑放样机器人

在建筑行业中，建筑放样机器人（图 6-2）已经被广泛应用，成为建筑施工的重要工具。建筑放样机器人是一种新型的建筑施工机器人，它可以根据 BIM 模型自动放样。建筑放样机器人的工作原理是通过激光扫描仪扫描建筑物表面，将扫描数据与 BIM 模型进行比对，然后自动进行放样。这种机器人可以在建筑物的各个部位进行放样，包括墙体、地面、顶棚等。它可以根据 BIM 模型的要求，自动进行放样，大大提高了施工效率和精度。

图 6-2　建筑放样机器人

建筑放样机器人的优点主要有：首先，它可以大大提高施工效率。传统的放样方法需要人工进行，耗费大量的时间和人力，而建筑放样机器人可以自动进行放样，不需要人工干预，大大缩短施工时间。其次，建筑放样机器人可以提高施工精度。传统的放样方法容易出现误差，而 BIM 放样机器人可以完全参照 BIM 模型进行精准放样，可以保证施工精度。最后，建筑放样机器人可以减少施工成本。传统的放样方法需要大量的人力和材料，而建筑放样机器人可以自动进行放样，可以减少人力和材料的使用，从而降低施工成本。

6.2.3　混凝土施工机器人

紧随行业发展，针对混凝土施工过程的浇筑布料、整平、抹平、抹光等工序应用智能机器人设备，能有效节省人工，且大大降低人工劳动强度，提高工作效率，节省工期，同时施工精度高，能保证施工质量，从而产生经济效益。

混凝土布料机器人（图 6-3）：为了提高混凝土的浇筑速度，减轻工人劳动强度，采用混凝土布料机器人进行混凝土布料。在准备浇筑布料前，吊装智能布料机至指定位置，连接好泵管管路，因智能布料机设置有电机控制器和遥控器，施工人员在施工过程中可以根据需要，通过遥控器远程控制电机进行旋转，更加精确快速，智能方便高效。智能布料机施工半径较大，具备传统手动和智能随动布料两种模式。智能随动布料机能根据布料软管末端操控手柄的控制，自动实现大、小臂联合运动，相比传统手动布料机能有效节省人力。

图 6-3 混凝土布料机器人

地面整平机器人（图 6-4）：普遍应用于停车场地坪、厂房地面、商用楼面及顶面等施工场景，在混凝土浇筑后，对地面进行高精度找平施工。机器人能够自动设定整平规划路径，实现混凝土地面的全自动无人化整平施工，具备人工遥控及机器人全自动作业两种模式，基于高精度激光识别测量系统和实时控制系统，使刮板始终保持在毫米级精度的准确高度，从而精准控制混凝土楼板的水平度。

地面抹平机器人（图 6-5）：普遍应用于大面积、重劳力、重复施工等场景，在混凝土初凝后，对地面进行提浆收面施工。机器人整机体积小、机动灵活、操作简单、施工地面平整度高、地面密实均匀，采用履带底盘巡航技术以及智能摆臂算法，实现无人自主运动及高精施工。

图 6-4 地面整平机器人

图 6-5 地面抹平机器人

地面抹光机器人（图 6-6）：普遍应用于大面积、重劳力、重复施工等场景，在混凝土终凝前，对地面进行收光施工。机器人整机体积小、机动灵活、操作简单、施工抹光度高，采用非轮式底盘技术以及智能运动算法，实现无人自主运动及高精施工。

图 6-6　地面抹光机器人

6.2.4　墙面作业机器人

针对墙面施工作业过程的墙板安装、抹灰、腻子涂敷、腻子打磨、室内喷涂等工序应用智能机器人，有效降低人力劳动强度，同时降低各类墙面作业工人的职业病与安全事故风险。

履带式陶粒墙板安装机器人（图 6-7）：采用履带式底盘传动，可用于室内外墙板安装工作。将混凝土预制墙板、内墙板、外墙板等预制板件立起，协助安装和短距离运输，能够夹举 3~6 块板材，节省人力，工作效率高。

墙面抹灰机器人（图 6-8）：具备自动抹灰、粉尘自动回收、自动导航、路径规划等功能，可实现无人全自动打磨修正作业，为后续装修施工提供良好作业基面。

腻子涂敷机器人（图 6-9）：主要用于住宅室内墙面、飘窗、顶棚的腻子全自动涂敷作业，综合覆盖率达 90% 以上，适用于普通住宅、洋房、商品房、公寓、办公楼等精装修或

图 6-7　履带式陶粒墙板安装机器人　　　　　　图 6-8　墙面抹灰机器人

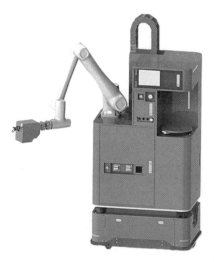

图6-9 腻子涂敷机器人

工业装修场景。与传统人工相比，其显著特点是高质量、高效率和高覆盖，可长时间连续作业，同时能有效降低人力劳动强度，大大降低职业病与安全事故发生的风险。

腻子打磨机器人（图6-10）：是一款用于建筑内墙和顶棚腻子打磨作业的机器人，具备智能恒力打磨、自动导航、自动路径规划、吸尘集尘、自动排灰、APP远程操作等功能，采用参数化打磨工艺设置，打磨质量稳定可靠，可广泛应用于普通住宅、洋房、商品房、公寓、小公楼等精装修或工业装修场景。

室内喷涂机器人（图6-11）：主要用于商品房、公寓、写字楼等场景下室内乳胶漆施工，能实现对住宅室内的墙面、飘窗、横梁、顶棚和石膏线等结构的底漆和面漆全自动喷涂。与人工作业相比，室内喷涂机器人能长时间连续作业，质量更好、效率更高、成本更低，同时极大减少了喷涂作业产生的油漆粉尘对人体的伤害，将工人从恶劣的工作环境中解脱出来。

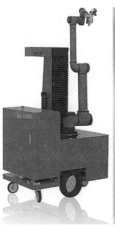

图6-10 腻子打磨机器人　　　　　　　　　图6-11 室内喷涂机器人

6.2.5　砌砖机器人

为缓解砌砖工人招工难、用工贵的问题，降低人员劳动强度，需提高持续施工作业能力，提升砌筑施工环节的机械化和工业化水平。砌砖机器人应运而生。砌砖机器人（图6-12）针对建筑室内砌筑的应用场景特点进行设计，具备轻量化的可折叠机身设计，可方便地通过施工升降机进入作业楼层和垂直转运。施工组织方面，根据大小墙分工原则，机器人具备环境耐受性高，移动展开部署简单等优势，负责承担最有利于发挥效能的大墙砌筑；同时，砌筑机器人还具

图6-12　砌砖机器人

有智能排砖系统，可根据项目使用的砌块种类，砂浆种类以及各地构造柱留槎方案的不同，自动给出最佳砖块排列方案。其末端抓手装备了力矩传感器，可保证墙体砌筑质量。

砌筑机器人适用于医院、学校、商业、办公等各类公建项目的非承重墙墙体室内砌筑施工，可使用目前国内各种主流砌块材料，材料适应范围广。此外，针对施工作业面可不预设条件，无需进行额外的施工准备，完全在实际施工技术条件下进行砌筑作业，应用门槛低。

该项新技术的推广，不但可以显著提升砌筑施工的科技含量，减少劳动用工，有效应对有技能的砌筑工日益减少的用工困境和行业痛点。同时机器人砌筑大大降低了劳动强度，效率的提升又带来工人收入的提升，岗位工作积极性的提升，有利于引入年轻一代产业工人。

6.2.6　搬运机器人

搬运机器人（图6-13）主要用于建筑工地物料运输，可搬运桶装、袋装、箱装物料及700mm×700mm标准栈板，适用于多种类型材料；具备一键下单、工单统计、栈板自动叉取、自动卸货、自动导航、智能调度、障碍物检测等功能；可实现建筑工地物流体系精细化、线上化、实时化管理，并可基于机器人调度系统实现与智能施工升降机自动交互，进而实现运输过程无人化；帮助解决国内施工装卸搬运作业人力缺乏、安全事故和劳动保障问题普遍存在的难点痛点。

搬运机器人小巧灵活，在工地通行性很强，行驶速度比人快走速度要快，采用超高点频激光雷达，无需现场CAD图纸和反光柱，只要人工预先遥控机器人走一圈即可建立现场地图；任务创建简单，在地图上标注起始点，系统自动生成路径；同时自带图像识别算法，按顺序取货时遇到上一次取走货物位置新添货物时，能识别并再次取走货物，货物码放不用太精准，位置偏差和角度偏差在一定范围内时机器人会自身调节位置来插取货物。

图6-13 搬运机器人

6.2.7 辅助机器人

巡检机器人（图6-14）：施工现场管理是工程建设项目施工过程中的一项重要工作，往往需要管理人员到施工现场进行监督与检查，工地一日监管不力，就会出现施工环节不透明、施工人员操作规范性和施工质量得不到有效保证等问题。但多数项目分散，人的精力有限，难以顾及所有项目工地现场，施工管理难，管理效率低，无法有效控制现场情况及施工结果，增派监管人员又会出现汇报情况不全面、成本较高等一系列问题。为了解决以上难点，结合目前流行的4G/5G远程通信控制技术，基于远程通信技术的施工巡检机器人能够对施工现场情况进行全方位实时检测，使施工环节透明化，极大地增强了对施工过程的管控力度，保证了施工进度与质量。

巡检机器人有着灵活移动的机械木休，可以实现施工现场的无死角监控，利用远程通信控制技术，结合开发的软件系统，实现工地管理人员在应用平台上对传输的视频图片进行实时查看；同时，巡检机器人还具备无人值守功能，可实现无人操作自动巡检，并对可能出现的危险情况进行报警，可有效代替监管人员，大大降低人力成本。

清扫机器人（图6-15）：是一款用于建筑室内、室外、地库地面清扫的机器人，具备抽气抑尘、自动清扫、路径规划、自动导航、障碍物识别、料位检测、垃圾箱翻倒等功能；可通过全自动或手动作业模式，解决建筑施工楼面小石块及灰尘清扫难题，为部分施工工艺提供高标准的地面整洁度，也可完成室外宽敞区域自动清扫作业。

图6-14 巡检机器人

清扫机器人整体工效为传统人工的2.5倍，户型作业效率极高；在清扫时可实现无积尘、无肉眼可见颗粒垃圾，清洁效果比人工清扫更为明显；同时自带垃圾箱体，实现垃圾转运，避免施工现场二次污染，做到高效抑尘，施工零排放；并可长时间连续作业，与传统清扫方式相比，有效节省人工成本。

图6-15 清扫机器人

学习小结

本节主要介绍智能测量机器人、建筑放样机器人、混凝土施工机器人（混凝土布料机器人、地面整平机器人、地面抹平机器人、地面抹光机器人）、墙面作业机器人（履带式陶粒墙板安装机器人、墙面抹灰机器人、腻子涂敷机器人、腻子打磨机器人、室内喷涂机器人）、砌砖机器人、搬运机器人、辅助机器人（巡检机器人、清扫机器人）的工作原理、优点、应用场景等。

知识拓展

码 6-3　建筑机器人的施工部署要求

习题与思考

1. 填空题

（1）智能测量机器人作为一款用于＿＿＿＿＿＿的建筑机器人，主要应用在混凝土结构、高精砌块/墙板、抹灰、土建装修移交、装修、分户验收等阶段与环节。

（2）地面抹光机器人整机体积小、机动灵活、操作简单、施工地面平整度高、地面密实均匀，采用＿＿＿＿＿＿＿以及＿＿＿＿＿＿＿，实现无人自主运动及高精施工。

2. 简答题

（1）简述混凝土施工机器人的种类及相关应用。

（2）简述墙面作业机器人的种类及相关应用。

（3）简述辅助机器人的基础功能及相关应用。

3. 讨论题

除了本节所述的建筑建造机器人外，还可以开发哪些功能的建筑建造机器人？

码 6-4　习题与思考参考答案

6.3　智能装备类型

教学目标

一、知识目标

熟悉智能升降机、垃圾制砖机、智能挖掘机、建筑 3D 打印机等智能装备的功能和应用。

二、能力目标

能正确地理解智能装备的应用场景，具有智能装备应用能力。

三、素养目标

1.培养不屈不挠、不甘人后的创新精神；

2.培养精益求精、精益建造的工匠精神。

学习任务

对智能升降机、垃圾制砖机、智能挖掘机、建筑 3D 打印机等智能装备的功能和应用有一个全面了解，为建筑机器人及智能装配的学习打下坚实的基础。

建议学时

2 学时

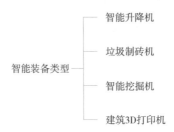

智能装备类型
- 智能升降机
- 垃圾制砖机
- 智能挖掘机
- 建筑3D打印机

6.3.1　智能升降机

传统施工升降机存在如下几个问题：驾驶施工升降机的专职司机需要通过国家安检部门的考核，持证上岗，对司机的技术水平具有较高要求，但有些监管不严的施工现场，雇佣无证人员驾驶施工升降机，造成极大的安全隐患；为了加快工作进度，私自拆除或毁坏传感器设备，增加了施工升降机的运行风险；司机手动平层精度低，影响施工人员货物搬运的效率；在施工升降机到站后需要安全员手动开启吊笼门和层门，操作繁琐，劳动强度大；施工升降机的监控系统不完善，无法获取较为有效的运行参数。针对上述问题，结合"智慧工地"的发展理念和智能驾驶技术，以减少施工升降机在运行周期内的人工操作次数、劳动强度和增强施工升降机的安全性能，加强数字化管理的技术为目标，开发了智能升降机。

智能升降机（图6-16）是在普通施工升降机的基础上进行自动化和智能化升级，其与普通施工升降机的主要不同点在于：具有运行条件检测、安全监控系统、自动运行、自动平层、主动安全防护措施、监控措施等功能，确保智能施工升降机的安全使用。

图6-16　智能升降机

自动运行控制：包括智能驾驶控制系统和自动门控制系统。智能驾驶控制系统负责采集层站呼梯指令、笼内选层指令、控制吊笼自动运行至目的楼层、自动平齐楼层面停靠；自动门控制系统控制吊笼门和层门的自动开启和关闭。在实际应用中，施工升降机的智能控制自动化程度高，无需专人操作，节约了大量人力物力，提高了施工效率，更加安全可靠。

升降机升降通道检测：传统施工升降机由专职司机操作，当障碍物从层门伸出影响升降机运行时，升降机司机凭感觉来判断，存在一定的安全隐患。升降机升降通道检测技术是智能施工升降机吊笼运行时保障运行通道安全的保护系统，上通道检测装置安装在吊笼顶部，下通道检测装置安装在吊笼底部，当通道有障碍物干涉时，首先碰撞上下通道检测装置，触发限位使吊笼紧急制动，从而确保升降机在轨道上安全运行。

信息采集：采集施工升降机的载重量、运行高度、运行速度、安全开关状态、防坠安全器工作状态、电机电压和电流、智能控制系统自检状态等信息数据，并存储工作时间、工作循环等数据，以供施工升降机的维护、保养和管理参考。

视频监控：智能施工升降机吊笼内设有视频监控摄像头，可以拍摄吊笼内的货物动态、人员行为及设备运行情况等，设备管理人员可在监控室或通过云服务，监控施工升降机的运行状态。

6.3.2 垃圾制砖机

随着建筑行业的持续发展，建筑垃圾随处可见，后续的处理工作便成为重中之重。建筑垃圾可通过分级筛分、破碎，初级筛分出的黄土直接供给园林部门作为绿化用土；然后将建筑垃圾中的砖、石、混凝土资源化利用，直接破碎为可再生利用的粗细骨料，以代替天然砂石料制砖，生产建筑垃圾砌块、标砖等各种墙体砖；剩余部分作为商混骨料销往混凝土搅拌站、预拌砂浆站或用作道路结构基础回填材料等。在此过程中，建筑垃圾制砖机已成为必需设备。

垃圾制砖机（图6-17）以经过破碎筛分后的建筑垃圾、水泥为主要原材料，掺加少量砂和粉煤灰，生产多品种免烧再生砖，如标准砖、承重空心砖、轻骨料空心砖等，可按需要的形状和尺寸制作模具成型；采用调频调幅振捣工艺，达到免烧再生砖密实度高且节省能源的目的；整体生产线采用模块化设计，安装、维修、维护方便，自动化程度高，操作简便。

建筑垃圾制砖前景广阔，不仅可以有效消耗大量建筑垃圾等多种固体废弃物，有效解决

图6-17 垃圾制砖机

建筑垃圾侵占土地、污染环境等问题；还可以有效解决我国生产黏土砖大量毁坏良田土地、大量燃烧造成空气污染等问题，并由此推进建筑墙体材料生产产业结构优化升级，实现该行业生产技术大跨越。

6.3.3 智能挖掘机

智能挖掘机（图 6-18）搭载的 AI 辅助驾驶技术附加的传感器和感知系统，让挖掘机眼观六路、耳听八方。AI 主要是从挖掘机的感知、规划、控制层面助力，开发无人挖掘机作业系统（AES），可实现无人化作业。

智能挖掘机作业系统使用多种传感器融合和感知算法，包含一整套软件和界面设计，协助司机完成系统的操作、部署和使用。在感知层面，利用高精度低成本相

图 6-18 智能挖掘机

机和激光雷达，实时生成高精度的三维环境地图，通过计算机视觉和深度学习等算法，可以检测作业环境中的作业物料材质、运输卡车、障碍物、标识和人员等，并对卡车、障碍物等物体进行三维姿态估计，及时调整动作。

基于感知系统的信息反馈，通过学习和优化算法，能够快速进行作业规划和多自由度的挖掘机各关节运动路径规划，确保提升作业效率的同时降低机械损耗。最后，通过高精度运动闭环控制算法，能够实现挖掘机各传动机构的精准运动控制。

目前的智能挖掘机已经在工业废料处理领域使用，在没有驾驶人员操作的情况下，自主完成物料挖掘和上料功能，实现连续 24h 作业，不仅杜绝了工业废料环境对于驾驶人员的伤害，也帮助企业节省了人力成本。

6.3.4 建筑 3D 打印机

建筑 3D 打印机（图 6-19）是一种利用 3D 打印技术来制造建筑元素或整个结构的设备。这种打印机的工作原理与传统打印机类似，但使用的是建筑材料而非墨水，通过逐层堆积的方式将建筑材料打印出来，最终构建成建筑结构。

建筑 3D 打印机的构成一般包括控制组件、机械组件、打印头、耗材和介质等。它可以根据电脑上设计的完整的三维模型数据，通过运行程序将材料分层打印输出并逐层叠加，最终将计算机上的三维模型变为建筑实物。

图 6-19　建筑 3D 打印机

在建筑领域，3D 打印技术具有诸多优势。首先，它可以大大减少人工操作，提高施工效率，降低成本。其次，3D 打印技术可以实现更加复杂和创新的设计，满足客户不同的需求和审美。例如，使用 3D 打印技术可以制造出具有任意形状和结构的建筑物，甚至可以在非现场进行打印，然后将其运输到指定地点进行组装。

目前，建筑 3D 打印技术已经在全球范围内得到了广泛应用，包括商业建筑、住宅建筑、桥梁、道路等。例如，国内首个 3D 打印商业建筑——火星 1 号基地的"火星巢穴居所"酒店项目，就展示了科技与建筑的完美结合。此外，清华大学建筑学院的徐卫国教授团队也成功将 3D 打印技术应用于河北下花园武家庄的农家宅建设中，为农户打印了几座总面积为 106m² 的住宅。

总的来说，建筑 3D 打印机是一种具有创新性和实用性的设备，它将在未来的建筑领域发挥越来越重要的作用。

学习小结

（1）智能升降机具有运行条件检测、安全监控系统、自动运行、自动平层、主动安全防护措施、监控措施等功能，确保智能施工升降机的安全使用。

（2）垃圾制砖机以经过破碎筛分后的建筑垃圾、水泥为主要原料，掺加少量砂和粉煤灰，生产多品种免烧再生砖，可按需要的形状和尺寸制作模具成型；采用调频调幅振捣工艺，整体生产线采用模块化设计，安装、维修、维护方便，自动化程度高，操作简便。

（3）智能挖掘机作业系统使用多种传感器融合和感知算法，包含一整套软件和界面设计，协助司机完成系统的操作、部署和使用。

（4）建筑 3D 打印机是一种利用 3D 打印技术来制造建筑元素或整个结构的设备。

知识拓展

码 6-5　建筑机器人施工过程中重点
难点分析及应对措施

习题与思考

1. 填空题

智能施工升降机是在普通施工升降机的基础上进行自动化和智能化升级，与普通施工升降机的主要不同点在于：具有_____、_____、_____、_____、_____、_____等各类功能，确保智能施工升降机的安全使用。

2. 简答题

（1）简述智能升降机的优点。

（2）简述垃圾制砖机运行的生产流程。

（3）简述智能挖掘机工作原理和优点。

3. 论述题

想一想，说一说，论一论在智能装备中还可以有哪些开发方向？

码 6-6　习题与思考参考答案

6.4 建筑机器人及智能装备的应用评价及案例

教学目标

一、知识目标

熟悉建筑机器人及智能装备的应用范围、具体应用及应用评价。

二、能力目标

掌握建筑机器人及智能装备应用评价。

三、素养目标

1. 培养不屈不挠、不甘人后的创新精神；

2. 培养精益求精、精益建造的工匠精神。

学习任务

学习建筑机器人及智能装备的应用范围、具体应用、应用评价；通过建筑机器人及智能装备的应用案例，掌握建筑施工现场的智能建造技术。

建议学时

2 学时

思维导图

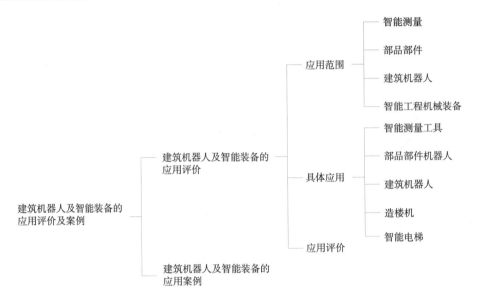

6.4.1　建筑机器人及智能装备的应用评价

1. 应用范围

针对不同类型的机器人，制定建筑机器人及智能装备的评价标准。评价的机器人主要是建造阶段的四大类型的机器人，如表6-2所示。

建筑机器人及智能装备评价指标　　　　表6-2

阶段	关键技术	功能模块	指标解释
建造阶段	建筑机器人及智能装备	智能测量	土方测绘无人机、三维测绘机器人、实测实量机器人等
		部品部件	钢筋下料、加工、绑扎、焊接机器人，模具安拆机器人，幕墙、钢结构、预制混凝土装配式部品构件、一体化装修、机电工程等智能化生产设备
		建筑机器人	喷涂机器人、抹光打磨机器人、混凝土整平机器人、测量放线机器人、现场钢筋加工机器人、现场焊接机器人、瓷砖铺贴机器人、板材辅助安装机器人、巡检机器人、清洁机器人等
		智能工程机械设备	智能塔式起重机、智能电梯、智能混凝土布料机、智能振捣设备、自升式智能施工平台（造楼机）、造桥机、智能水平运输设备等

2. 具体应用

（1）智能测量工具。应用土方测量无人机，一键采集地形信息，通过自主知识产权软件进行土石方量快速计算；应用三维测绘机器人，由机器人自动规划路径到达待测区域，通过点云扫描仪快速精确自动扫描测量墙面、柱面的平整度和垂直度；应用智能实测实量工具，自动统计形成智能报表并上传至云端，实现实测实量，提高实测效率和准确度，并实现数据智能分析。

（2）部品部件机器人。以钢筋制作安装、模具安拆、混凝土浇筑、钢构件下料焊接等工厂生产关键工艺环节为重点，推进工艺流程数字化和建筑机器人应用；应用智能钢筋绑扎机器人，实现钢筋自动夹取与结构搭建、钢筋视觉识别追踪与定位、钢筋节点自动化绑扎等功能；应用模具安拆机器人，根据自动解析的构件信息，实现边模识别、输送、喷油、分类入库以及画线和布模等全过程自动化生产。

（3）建筑机器人。在材料配送、钢筋加工、喷涂、布料、铺贴、隔墙板安装、高空焊接等现场施工环节，加强建筑机器人研发应用，替代传统粗放式施工作业；推广应用智能塔式起重机、智能混凝土泵送设备、造桥机、智能运输设备等智能化工程机械设备，提高施工质量和效率。在运维阶段，应用自主巡检机器人实施智能监测；对于难以清扫、危险系数较大的幕墙，可使用无人机装备和建筑清扫机器人相配合的方式，高效、彻底地进行建筑玻璃幕墙清洁。

（4）造楼机。造楼机内部设有多个作业层，包括钢筋绑扎层、混凝土浇筑层和混凝土养护层。各作业层施工完毕且达到顶升条件后，造楼机便借助支撑与顶升系统向上"爬"一层，然后再进行下一轮的作业。这种设计增强了施工人员高空作业的安全性。运用造楼机后，施工所用材料和设备可以直接通过造楼机的系统"搭电梯"去往新楼层，无需再通过传统方式（如人工搬运或利用塔式起重机运往新楼层）进行，从而节省了人力和时间。

（5）智能电梯。电梯可以全天候自动运行，无需人工操作，大大提高了工作效率；当电梯内人数超过预设值时，系统会自动报警并停止运行，避免超员引发的安全风险；电梯可以与智能机器人实现多机联动，提高整体工作效率。

3. 应用评价

定量、定性考查建筑机器人及智能装备的应用实施能力、应用水平及管理效果。建筑机器人及智能装备评价表见表6-3。

建筑机器人及智能装备评价表 表6-3

具体应用	得分项	评分标准	证明材料
智能测量工具	应用智能测量工具辅助测量工作	每应用一种且测量工程量覆盖率大于30%或覆盖面积大于2000m²，得0.5分，覆盖率大于60%或4000m²的，得1分，本项最多2分	智能测量工具购买（租赁）合同、设备合格证、设备维护记录、标定证书或等效相关材料。施工日志、施工监理记录、设备使用影像资料或等效相关材料
部品部件机器人	应用部品部件机器人辅助生产、施工	每应用一种且在其分项中完成作业量达30%，得0.5分，分项完成作业量达60%，得1分，本项最多2分	部品部件机器人购买（租赁）合同、设备合格证、设备维护记录或等效相关材料。施工日志、施工监理记录、设备使用影像资料或等效相关材料
建筑机器人	辅助施工	1. 应用整平机器人、抹平机器人、喷涂机器人和ALC墙板安装机器人4种代表性建筑机器人辅助施工，每应用一项，得2分，最多8分； 2. 应用其他建筑机器人辅助施工，每应用一项，得1分，最多4分	建筑机器人购买（租赁）合同、设备合格证、设备维护记录或等效相关材料

具体应用	得分项	评分标准	证明材料
建筑机器人	应用作业量	建筑机器人工作完成比 = 机器人实际作业量 / 实际作业量 × 100%，若工作完成比达 20%~30% 或覆盖面积达 1000m² 以上，得 1 分；达 30%~40% 或覆盖面积达 1500m² 以上，得 1.5 分；达 40%~50% 或覆盖面积达 2000m² 以上，得 2 分；达 50%~60% 或覆盖面积达 2500m² 以上，得 2.5 分；达 60%~70% 或覆盖面积达 3000m² 以上，得 3 分；达 70% 以上或覆盖面积达 3500m² 以上，得 3.5 分；每款机器人独立计分，总分取所有机器人分数之和，本项最多 14 分	施工日志、施工监理记录、设备使用影像资料或等效相关材料
	应用分析	提交代表性建筑机器人应用分析报告，包括应用场景及范围、效率分析、成本分析等方面，证明材料真实、丰富，分析报告详细，单项机器人应用完整报告得 2 分，报告如有缺失项得 1 分，本项最多 6 分	建筑机器人使用分析报告
	在线管理平台	1. 项目具有机器人在线综合管理平台，得 1 分；2. 在线管理平台应包含任务调度与分配模块、机器人状态查询模块、相关传感器采集与监控模块、数据分析与决策模块、异常监测与故障诊断模块、维护与升级模块、用户权限与管理模块，平台包含每个模块得 0.5 分，最多 2 分	建筑机器人在线管理平台购买或开发文件、平台运行截图、平台运行日志或等效相关材料
造楼机	应用造楼机（自升式智能施工平台）	1. 现场使用造楼机辅助施工且完成质安监进场备案、安全管控体系完善，得 1 分；如未经质安监进场备案使用造楼机的，本大项不得分且倒扣 1 分；2. 造楼机具备完善的应急预案，且定期组织安全演习、安全教育，得 1 分，具有自动化实时安全监控系统，得 1 分；3. 造楼机施工单体面积占比达 25% 以上，得 1 分；占比达 50% 以上，得 2 分；4. 具备造楼机自动顶升系统，得 1 分；具备造楼机在线管理平台智能控制系统，得 1 分；5. 造楼机集成钢筋绑扎机器人、模板安装机器人等辅助施工的，每项得 0.5 分，最多 1 分；单项机器人施工覆盖面积达 50%，得 0.5 分，最多 1 分	造楼机购买（租赁）合同、质安监备案材料、设备合格证、设备维护记录等相关证明材料，造楼机相关施工日志、施工监理记录或等效相关材料，集成机器人施工日志
智能电梯	应用智能电梯	1. 应用智能电梯且完成质安监进场备案、安全管控体系完善，得 2 分；如未经质安监进场备案使用智能电梯的，本大项不得分且另倒扣 2 分；2. 应用 1 台，得 2 分；应用 2 台及以上，得 4 分；3. 具有完整的智能电梯安全应急预案的，并定期组织安全演习、安全教育的，得 2 分；4. 具有完整的智能电梯定期检查、保养记录，得 2 分；5. 智能电梯具有后台管理系统，可实时查看使用状态的，得 2 分	智能电梯购买（租赁）合同、质安监备案材料、设备合格证、设备维护记录或等效相关材料；相关施工日志、监理记录、设备影像资料或等效相关材料；智能电梯使用分析报告

6.4.2　建筑机器人及智能装备的应用案例

某智能建造示范项目（图6-20）创新性地综合运用多款建筑机器人，大大提高工程质量和施工效率。

项目施工时，在地下室顶板、底板和地坪浇筑混凝土时，需要进行整平、抹平、抹光三道工序。传统的地面施工时，瓦工需要穿雨靴、皮围兜防止混凝土弄脏衣物。这三道工序都需要人工进行施工，非常消耗体力。此外，操作时行进方向均为倒退作业，存在安全风险。针对上述问题，项目应用了地面整平机器人、地面抹平机器人、地面抹光机器人三款地面施工机器人。从工作效率来看，在使用地面机器人后，工人可减少40%以上的工作量，施工收益提高31%以上，整体施工时间减少70%。

现有的墙体工程包含了墙体砌筑和墙面装修。传统的墙面砌筑和装修工序中存在诸多问题，如墙体砌筑需要搭脚手架高空作业，存在安全隐患，而且需瓦工纯手工作业，墙体平整度全靠经验，体力作业强度大；陶粒墙板人工安装工作效率低，还会因人为原因引起板材破损；墙体抹灰施工效率和进度很难提高，存在高空作业危险；测量时需要2个人操作，弹线、测量、记录效率低下；腻子打磨时粉尘污染严重，施工人员需要做好口鼻、眼睛、头发和皮肤的防护；涂料喷涂时有涂料飞沫和气味，施工人员需要做好口鼻、眼睛的防护。针对上述问题，以机器人墙体砌筑、陶粒墙板安装、抹灰和机器人测量、腻子打磨、涂料喷涂为应用场景，项目应用了墙面五件套机器人：履带式墙板搬运机器人、腻子涂覆机器人、腻子打磨机器人、腻子喷涂机器人、实测实量机器人。项目施工中腻子喷涂工艺能够实现两遍喷涂，喷涂高度可达3m；在墙面工序上，机器人的速度是人工的2~3倍，效率是传统人工的1.7倍以上，喷涂效率约为人工辊涂的4倍。

在材料运输方面，传统升降机都是由专人操作，专人下班后升降机不能使用。物料搬运多使用电动平板车，人工操作搬运，装货、卸货都由人工码放，搬运效率低下。本项目通过综合应用通用物流机器人和无人智能升降机，打造垂直运输系统，实现升降机无人值守，具备与普通民用电梯一样的功能。智能升降机数据联网，可以和搬运机器人、

图6-20　某智能建造示范项目

清扫机器人进行数据联通，实现机器人自主上楼搬运建筑材料和楼面清洁。搬运机器人能够实现材料自动运输、无人交互，配合智能升降机实现 24h 不间断作业，实现整个运输过程无人化。经实践证明，通过物流机器人和无人智能升降机配合，搬运效率较人工至少提升 5 倍。

在工地巡检方面，目前工地巡检多靠监理和 AI 识别，由于巡检频率和范围有限，施工班组施工人员依然存在不安全作业行为。针对上述问题，本项目采用巡检机器人、巡检无人机及无人机基站共同完成巡检工作，实现现场的环境、人员、危险源的实时监控和报警提示，有效提升工地安全。

学习小结

（1）介绍了建筑机器人及智能装备的应用范围、具体应用结果、应用评价。
（2）介绍了建筑机器人及智能装备的具体应用案例。

知识拓展

码 6-7　建筑机器人关键技术及技术难点

习题与思考

1. 填空题
（1）建筑机器人及智能装备的功能模块有_____、_____、_____、_____。
（2）应用智能测量工具辅助测量工作评价时考虑_____、_____。

2. 简答题
（1）简述建筑机器人及智能装备的评价指标。
（2）简述建筑机器人及智能装备的应用案例。

3. 论述题
想一想，说一说，论一论建筑机器人及智能装备的评价及应用还包括哪些方面？

码 6-8　习题与
思考参考答案

7

数字交付与智慧运维

7.1 数字交付与智慧运维概述

教学目标 📖

一、知识目标

1. 了解数字交付与智慧运维的现状；

2. 了解数字交付与智慧运维的优势。

二、能力目标

1. 能说出传统建筑交付与运维管理的问题；

2. 能说出数字交付与智慧运维的优势。

三、素养目标

1. 能不断学习新知识、新技术，保持对智能建造的兴趣；

2. 能正确表达自己思想，学会理解和分析问题。

学习任务 ▦

本任务对传统的建筑交付与运维管理现状进行了分析，进一步理解数字交付与智慧运维的优势，为数字交付与智慧运维的应用打下基础。

建议学时 ⛶

1 学时

思维导图

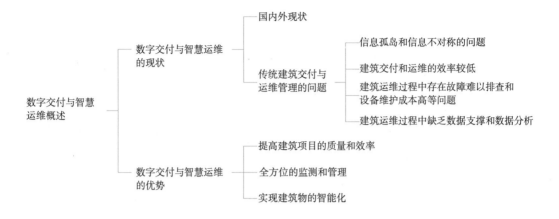

7.1.1　数字交付与智慧运维的现状

1. 国内外现状

目前国外一般均是在政府主导之下进行基于 BIM 模型的数字化交付与智慧运维管理，尤其是当下城市 CIM 体系热潮下，该模式能在做好前瞻性规划的同时，强调以建设单位为第一责任的建筑信息模型全生命周期的规划、组织、督促与收集。

新加坡自 1997 年开始推动基于 BIM 技术的一系列自动审图、集成规划和集成建筑服务系统，至 2015 年强制要求大于 5000m² 的项目必须提交 BIM 模型。目前，虚拟新加坡项目已经启动，该项目旨在建设动态的三维（3D）城市模型和协作数据平台，平台包括政府提供的公共资源信息及物联网动态数据，为城市规划、智慧城市建设、公共安全管理等领域提供助力。

美国将智慧城市建设上升到了国家战略的高度，在基础设施、智能电网等方面进行了重点投资与建设，欧洲更关注城市的生态环境和智能经济的形成。

近年来，我国施工总承包已经成为 BIM 应用及数字化交付的主体，尤其是在施工单位主导的 EPC 或 PPP 项目中，BIM 信息模型等数字化手段可以在很大程度上实现参建各方的协同，虽然还不能完全系统地覆盖管理需求，但相比传统方式已有所提升，对于绿色建造、碳排放的减少及后续城市智慧化管理具有重要的意义。

2. 传统建筑交付与运维管理的问题

传统的运维管理方式通常是登记采购部门，记录关于设备的规格、型号、厂家等信息；运行维护人员巡检，记录设备运行状态、维修等信息，并在监控录像上判断设备是否正常运行，作为是否进行现场确认的依据，人为判断的主观程度较大，且效率低下。传统数字交付与运维管理主要存在如下四个问题：

（1）信息孤岛和信息不对称的问题。在建筑的全生命周期中，涉及的信息和数据非常庞杂和复杂，包括设计图纸、施工方案、工程进度、材料采购、设备维护等。传统的交付和运维方式存在信息孤岛的问题，不同阶段的信息无法互通和共享，从而导致信息不对称，使得建筑交付和运维过程中存在信息丢失、重复录入等问题。

（2）建筑交付和运维的效率较低。传统的建筑交付和运维方式往往需要投入大量的人力、物力和财力，存在信息传递不及时、信息传递不准确、信息传递不完整等问题，导致建筑交付和运维效率低下，成本较高。

（3）建筑运维过程中存在故障难以排查和设备维护成本高等问题。传统的建筑运维方式往往需要人工巡检和排查故障，效率较低且存在漏检的可能。同时，设备维护成本也较高，需要投入大量的人力和物力。

（4）建筑运维过程中缺乏数据支撑和数据分析。传统的建筑运维方式往往缺乏数据支撑和数据分析，无法对设备运行情况和故障进行实时监测和预测，从而难以做出科学合理的决策。

7.1.2　数字交付与智慧运维的优势

随着科技的发展和数字化技术的应用，数字交付与智慧运维成为了建筑行业的必然趋势，其主要原因如下：

首先，建筑数字交付可以提高建筑项目的质量和效率，减少建筑项目的成本和周期，同时降低建筑质量问题的发生率，保障建筑物的安全和可靠性。

其次，智慧运维可以对建筑物进行全方位的监测和管理，及时发现和解决建筑物运营中的问题，提高建筑物的运营效率和服务质量，延长建筑物的使用寿命，同时还可以节约能源和降低碳排放。

最后，在数字交付和智慧运维的基础上，还可以进一步实现建筑物的智能化，通过安装传感器和智能设备来收集建筑物的各种数据，进行数据分析和挖掘，从而实现建筑物的自适应控制和智能化管理，提高建筑物的舒适度和安全性，同时还可以实现能源的智能调控和管理，从而实现节能减排的目的。

综上所述，建筑数字交付和智慧运维的建设对于提高建筑物的质量和安全具有重要意义，尤其对于实现数字化城市和可持续发展具有非常重要的推动作用。

 学习小结

完成本节学习后，读者应该对数字交付与智慧运维的现状和优势有一定了解。

知识拓展

码 7-1　智慧园区智慧运维管理平台

习题与思考

问答题

（1）概述传统建筑交付与运维管理的四大问题。

（2）简述数字交付与智慧运维的优势。

码 7-2　习题与思考参考答案

7.2　认知数字交付

教学目标

一、知识目标

1. 理解数字交付的定义和内容；

2. 了解数字交付的标准。

二、能力目标

1. 能掌握数字主要交付物的类别及其内容；

2. 能列举数字交付的主要标准。

三、素养目标

1. 能不断学习新知识、新技术，保持对智能建造的兴趣；

2. 能正确表达自己思想，学会理解和分析问题。

学习任务

　　理解数字交付的概念，熟悉建筑信息模型主要交付物的类别及内容，了解命名规划、模型、交付要求等数字化交付的标准，为数字交付与智慧运维的应用打下基础。

建议学时

　　1 学时

思维导图

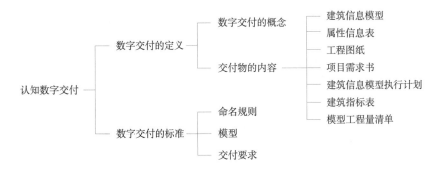

7.2.1 数字交付的定义

数字交付是指将建筑项目转化为数字化模型，并通过数字技术实现建筑项目的全生命周期数字化管理和运营，即集成了勘察、规划设计、施工等各阶段数据与信息的 BIM 模型，是建筑物的数字化档案的完整载体。

数字交付区别于传统图纸档案式交付，而是通过数字化的交付平台，将建筑在设计、采购、施工等前期所有阶段产生的各种数据、资料、模型以标准数据格式提交给业主的交付方式。

运维阶段的 BIM 技术应用越来越受到建设单位重视，以业主需求为导向的 BIM 技术应用在其广度和深度上也在不断拓展，逐步走向成熟。全生命周期的数字化交付是上下游各参建方的数字化输出的集成和汇总，是真正意义的数字化档案，是以信息模型为载体的数据库，满足未来城市数字化管理与业主方数字化运维需求。现阶段数字化交付形式多是基于 BIM 信息模型的一体化交付平台，在交付平台中包含建筑信息模型和各类数据，并通过关联实现查询。

《建筑信息模型设计交付标准》GB/T 51301—2018 明确指出建筑信息模型主要交付物的代码及类别应符合表 7-1 的规定，同时对这七类交付物进行了说明与要求。

交付物的代码及类别 表 7-1

代码	交付物的类别	备注
D1	建筑信息模型	可独立交付
D2	属性信息表	宜与 D1 类共同交付
D3	工程图纸	可独立交付
D4	项目需求书	宜与 D1 类共同交付
D5	建筑信息模型执行计划	宜与 D1 类共同交付
D6	建筑指标表	宜与 D1 或 D3 类共同交付
D7	模型工程量清单	宜与 D1 或 D3 类共同交付

注：工程图纸包含电子工程图纸文件。

（1）建筑信息模型：应包含设计阶段交付所需的全部设计信息，且基于模型单元进行信息交换和迭代，并将阶段交付物存档管理。建筑信息模型可索引其他类别的交付物，应一同交付，并应确保索引路径有效。建筑信息模型的表达方式宜包括模型视图、表格、文档、图像、点云、多媒体及网页，各种表达方式间应具有关联访问关系。交付和应用建筑信息模型时，宜集中管理并设置数据访问权限。

（2）属性信息表：对于项目级、功能级或构件级模型单元应分别制定属性信息表。属性信息表内容应包含版本相关信息、模型单元基本信息及模型单元属性信息等内容。

（3）工程图纸：工程图纸应基于建筑信息模型的视图和表格加工而成。电子工程图纸文件可索引其他交付物。交付时，应一同交付，并应确保索引路径有效。

（4）项目需求书：建筑信息模型建立之前，宜制定项目需求书。其应包含下列内容：项目计划概要，至少包含项目地点、规模、类型，项目坐标和高程；项目建筑信息模型的应用需求；项目参与方协同方式、数据存储和访问方式、数据访问权限；交付物类别和交付方式；建筑信息模型的权属。

（5）建筑信息模型执行计划：根据项目需求书，制订建筑信息模型执行计划，一般包含下列内容：项目简述，即项目名称、项目简称、项目代码、项目类型、规模、应用需求等信息；项目中涉及的建筑信息模型属性、信息命名、分类和编码，以及所采用的标准名称和版本；建筑信息模型的模型精细度说明；模型单元的几何表达精度和信息深度；交付物类别；软硬件工作环境，简要说明文件组织方式；项目的基础资源配置，人力资源配置；非相关标准规定的自定义内容。

（6）建筑指标表：建筑指标表应基于建筑信息模型导出，应包含项目简述、建筑指标表应用目的、建筑指标名称及其编码、建筑指标值等内容。

（7）模型工程量清单：模型工程量清单应基于建筑信息模型导出，应包含项目简述、模型工程量清单应用目的及模型单元工程量、编码等内容。

7.2.2　数字交付的标准

近年来，随着 BIM 技术的广泛应用，越来越多的业主方意识到数字化管理与数字化运维的重要性，随之对工程建造的数字交付也逐步重视起来。2022 年住房和城乡建设部和国家发展改革委发布了《城乡建设领域碳达峰实施方案》，明确提出"利用建筑信息模型（BIM）技术和城市信息模型（CIM）平台等，推动数字建筑、数字孪生城市建设，加快城乡建设数字化转型。"未来城市 CIM 架构对独立单元建筑的数字化接口提出了要求，同时，作为业主方也依赖数字化成果交付得到数字化档案，快速搭建起数字化运维的模式，并在管理效率与效益等各方面得到提升。

我国已开展了对 BIM 数字化交付标准的编制与研究工作，住房和城乡建设部发布了《建筑信息模型设计交付标准》GB/T 51301—2018，深圳市发布了《交通建设领域 BIM

设计交付标准》，湖南省发布了《湖南省建筑工程信息模型交付标准》，其他省市发布的
BIM 标准也对 BIM 交付方面进行了规定，目前行业一般以《建筑信息模型设计交付标准》
GB/T 51301—2018 作为国家层面的 BIM 交付标准，指导国内 BIM 交付。

《建筑信息模型设计交付标准》GB/T 51301—2018 分为总则、术语、基本规定、交付
准备、交付物及交付协同六部分内容。主要内容如下：

（1）命名规则。主要对模型单元及其属性、电子文件夹及电子文件命名方式和规范
要求进行了规定，统一了同一项目中所有 BIM 交付成果的命名方式。比如对各个专业用
不同专业代码表示，部分专业代码分类如表 7-2 所示。

专业代码 表 7-2

专业（中文）	专业（英文）	专业代码（中文）	专业代码（英文）
规划	Planning	规	PL
总图	General	总	G
建筑	Architecture	建	A
结构	Structural	结	S
给水排水	Plumbing	水	P
暖通	Mechanical	暖	M
电气	Electrical	电	E
智能化	Telecommunications	通	T
动力	Energy Power	动	EP
消防	Fire Protection	消	F
勘察	Investigation	勘	V
景观	Landscape	景	L
建筑信息模型	Building Information Modeling	模型	BIM
其他专业	Other Disciplines	其他	X
……	……	……	……

（2）模型。对模型的要求由总体要求、模型精细度、几何表达精度、模型单元深度
四部分组成。总体要求对设计模型交付前的基本要求进行规定，规定交付模型的坐标应
采用真实坐标，在特殊情况下，可采用原点（0，0，0）作为特征点，且应该注意在项目
中保持统一的坐标。BIM 模型所包含的模型单元应按照项目级、功能级、构件级、零件
级进行分级，可嵌套设置。最小模型单元应由模型精细度等级衡量。

（3）交付要求。交付要求对交付准备、交付物以及交付协同进行了规定。对于竣工
移交的模型精细度等级不宜低于 LOD3.0，且应进行碰撞检测。

学习小结

完成本节学习后，读者应该对数字交付的定义和标准有一定了解。

知识拓展

码 7-3 智慧商业中心运维管理平台

习题与思考

1. 选择题

（1）下列不属于《建筑信息模型设计交付标准》GB/T 51301—2018 中建筑信息模型主要交付物的是（　　）。

A. 建筑信息模型 　　　　　　　　　B. 模型工程量清单

C. 属性信息表 　　　　　　　　　　D. 软件操作手册

（2）《建筑信息模型设计交付标准》GB/T 51301—2018 中对电子文件的命名进行了规定，某文件名称中专业代码英文 A 代表的专业是（　　）。

A. 建筑 　　　　　B. 结构 　　　　　C. 暖通 　　　　　D. 电气

2. 简答题

（1）概述数字交付的定义。

（2）概述数字交付 BIM 模型的主要标准。

码 7-4　习题与思考参考答案

7.3 认知智慧运维

教学目标

一、知识目标

1. 理解智慧运维的定义；

2. 了解基于 BIM 的资产管理；

3. 了解机电及设备运维管理。

二、能力目标

1. 掌握智慧运维的概念；

2. 能说出基于 BIM 的资产管理的主要功能和作用；

3. 能说出机电及设备运维管理的主要功能和作用。

三、素养目标

1. 能不断学习新知识、新技术，保持对智能建造的兴趣；

2. 能正确表达自己思想，学会理解和分析问题。

学习任务

理解智慧运维的定义，了解基于 BIM 的资产管理及其应用平台实现的主要步骤，了解机电及设备运维管理的内容与功能，了解智慧能源管理的必然趋势与作用。

建议学时

2 学时

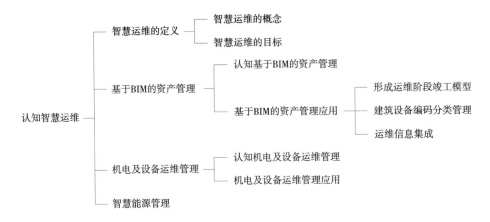

```
                                    ┌─ 智慧运维的概念
              ┌─ 智慧运维的定义 ──────┤
              │                     └─ 智慧运维的目标
              │
              │                     ┌─ 认知基于BIM的资产管理
              │                     │                          ┌─ 形成运维阶段竣工模型
              ├─ 基于BIM的资产管理 ──┤                          │
认知智慧运维 ──┤                     └─ 基于BIM的资产管理应用 ──┼─ 建筑设备编码分类管理
              │                                                │
              │                                                └─ 运维信息集成
              │                     ┌─ 认知机电及设备运维管理
              ├─ 机电及设备运维管理 ─┤
              │                     └─ 机电及设备运维管理应用
              │
              └─ 智慧能源管理
```

7.3.1　智慧运维的定义

智慧运维是基于 BIM 的建筑设施设备运维和管理，实现对楼宇自动化系统的台账管理、智能巡检、数据采集、楼宇设施的实时集中监控、大数据存储、能耗分析、维修维保等管理功能。通过综合利用智能化、信息化的运维管理模式，提高基层执行人员的工作效率，有效地提升运维管理水平。

智慧运维的目标是提高建筑设施的效率和可靠性，延长设施的寿命，降低设施的维护成本。在数字中国的背景下，智慧运维成为建筑行业数字化转型的又一个重要方向，政府鼓励和支持建筑行业采用数字技术实现建筑设施的智能化管理和运营，推动建筑行业的智能化转型。目前数字技术主要采用 BIM、GIS 技术、云计算、物联网、人工智能、大数据及信息安全等技术，通过技术的创新和研发，实现真正的智慧建筑。

建筑智慧运维主要通过智慧运维平台来实现，智慧运维平台一般包括节能设施、智慧能源、动态评估、智慧安防、智慧消防、灾害防控、智慧空调、智慧新风、会议及公共活动、访客管理、资源整合、智慧物业、维护工单、资产管理、设备监控、数据分析、空间管理、智能电梯等系统运维模块（图 7-1）。

智慧运维平台功能																	
资源节约与利用			安全与防护			环境控制		高效业务				管理便利					
节能设施	智慧能源	动态评估	智慧安防	智慧消防	灾害防控	智慧空调	智慧新风	会议及公共活动	访客管理	资源整合	智慧物业	维护工单	资产管理	设备监控	数据分析	空间管理	智能电梯

图7-1　智慧运维平台总体功能

7.3.2　基于 BIM 的资产管理

1. 认知基于 BIM 的资产管理

资产管理是对建筑内所有涉及运维部分的固定资产进行管理，与传统设备管理不同，资产管理更加注重资产的数量、经济价值以及资产的动态路线，而不是资产本身的基本信息。

长期以来，我国的建筑资产运维管理处于以人工为主的模式，而随着我国新一代信息技术与资产管理的信息化、智能化的发展，这种陈旧的管理模式已经不能满足时代以及市场的需求。基于 BIM 技术的各类设备全生命周期管理体系主要有如下优势：

（1）实现设备基本信息的综合管理与查询，如各类基本属性信息、空间位置信息、图档资料等，实现 BIM 运维平台与云端业务的统一化管理；

（2）基于 BIM 运维平台，选择相应的设备，可快速获取该设备全生命周期整体记录，包括基本信息、维护信息、保养信息、维修信息等，方便运维管理人员准确定位查看；

（3）方便物业现场应用，融合移动终端的管理模式，可快速实现工单查询与处理、基于二维码的巡检与保养的现场记录等。

2. 基于 BIM 的资产管理应用

基于 BIM 的资产管理应用平台是运维阶段建筑设备资产管理的平台，主要通过以下三个步骤实现资产管理。

（1）形成运维阶段竣工模型

竣工模型的形成经过设计、施工、竣工验收三个阶段。设计阶段的建筑信息模型需要设计人员严格遵循建模规则进行模型搭建，只有严格遵循统一的建模规则，才可以将设计阶段的建筑信息传递至施工阶段。施工阶段通过 BIM 模型指导施工，整合倾斜摄影、三维场地布置、施工组织进度、预留预埋定位、三维放样等施工模拟，提高施工效率。竣工验收阶段需将施工过程中的二次设计变更信息植入 BIM 模型，同时根据运维阶段资产管理清单信息将设备信息植入建筑信息模型。至此形成基于 BIM 的建筑设备资产管理竣工模型，该模型是进行资产管理的基础。

（2）建筑设备编码分类管理

运维管理平台的搭建需按统一规则进行，其中，建筑设备信息检索是基于运维管理平台操作的核心。建筑设备统一编码分类标准是运维阶段信息检索管理的规则基础，合理的建筑设备编码分类可提高信息检索及管理效率。

（3）运维信息集成

基于 BIM 的建筑设备资产管理依托于运维管理平台的信息集成。竣工阶段形成的竣工模型，建筑设备编码分类规则，运维平面布置图以及维护人员维修计划等运维信息基于 BIM 模型集成于运维管理平台，由手机客户端 APP 通过网络随时访问并查询相关信息，并自由调取建筑设备各种相关信息。通过各种信息的集成，实现运维阶段建筑设备资产管理相关要求。

通过平台，可以对资产展开多图层呈现（图7-2），针对设备进行逐级精准定位，形象化展现信息内容的目标和部位特性，并完成设备的图形界面查询，大大提升了资产数据的实用性和易用性。

图7-2　某项目资产管理界面图

7.3.3　机电及设备运维管理

1. 认知机电及设备运维管理

机电及设备运维管理是指对设备整个生命周期进行无纸化管理，运用智能算法及大数据分析，可实现设备故障自动报修派单，生成点检，保养，维修的智能工单，主动维保，备件管理，人员绩效管理等功能，从而实现了机电及设备运维的智能管理。主要项目如下：

（1）暖通：在建筑三维空间模型中，实现对空调新风系统设备定位，支持设备信息查询和设备运行参数实时查看。

（2）空调机组：实时监控各空调机组的状态，调节相应区域的温度、湿度参数，控制预定时间表、自动启停，以达到经济舒服的室内环境。

（3）给水排水：监控各排水泵的运行情况，页面中可实时查看泵的运行状态、液位高低。

（4）冷热源：监控冷源系统的冷水机组控制：启/停控制及状态监视、故障报警监视、手/自动控制状态、冷冻水出水/回水温度监视；热泵机组对应的热源系统工作原理及监控内容与其在制冷状态下的工作原理和监控内容类似。

（5）变配电：在平台中展示配电室的位置、监测电气参数、事故异常报警、事件记录和打印、统计报表的整理和打印、负荷监控等综合功能，使设备处于最佳运行状态。

（6）普通照明：直观地了解监测区域灯光的开关状态，一目了然地查看照明区域的位置，出现突发情况时，各系统及时联动（视频、门禁、照明）。

（7）消防设备：消防设备包含建筑物内的火灾自动报警系统、室内消火栓、室外消火栓等固定设施。自动消防设施分为电系统自动设施和水系统自动设施。

（8）机房监控：对机房的电力、环境、服务器资源等的监控，可以帮助管理人员了解机房设备的状态，防患于未然。

（9）充电桩：在手机端呈现寻找、导航、预约、充电开始、完成充电等一系列流程，提升设备使用率，方便用户使用，提升管理效率。

（10）电梯监控：宏观展示电梯的分布，监控电梯的运行状态，协助完成日常管理。电梯在运行时有大量信息需要监测，如：开门限位开关、安全触板、安全回路、紧急停运回路等。

（11）管线管理：针对不同的管路桥架，平台按照专业类别对各管线类型、节点进行统一管理，确保管线维护规范、清晰、线路分明。

2. 机电及设备运维管理应用

平台是项目机电及设备智慧运营监测系统的数据中心和管理中心，采用集团化的管理模式对项目内的各种机电及设备进行集中监测、分析、管理，具备数据测量、运行状态预警和告警、设施状况分析、设备诊断、设备能效分析等功能，可以帮助设备管理人员提高对设备的运维管理效率、降低设备运行能耗，提升机电设备的管理水平。

设备管理模块界面对项目设备进行了三维综合展示，拟真度高，定位准确，直观易懂，如图 7-3 所示。

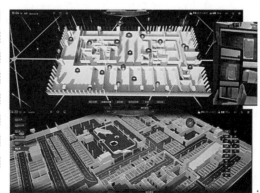

图 7-3　设备管理界面图

7.3.4　智慧能源管理

建筑物在建造和运行过程中消耗大量的自然资源和能源，是温室气体排放的主要来源之一。中国碳排放的一半与房屋、楼宇有关，2020 年全国建筑全过程碳排放总量为 50.8 亿吨 CO_2，占全国碳排放总量的 50.9%，其中：建材生产阶段碳排放 28.2 亿吨 CO_2，占全国碳排放总量的 28.2%；建筑施工阶段碳排放 1.0 亿吨 CO_2，占全国碳排放总量的 1.0%；建筑运行阶段碳排放 21.6 亿吨 CO_2，占全国碳排放总量的 21.7%。如何减少建筑物的二氧化碳排放已经迫在眉睫。2021 年 10 月，住房和城乡建设部批准了中国首个建筑碳排放强制性规范《建筑节能与可再生能源利用通用规范》GB 55015—2021，作为建筑设计强制要求，其涉及范围包括新建建筑、既有建筑、可再生能源系统、施工调试验收与运行管理等内容。

智慧能源管理是监测并控制能耗、碳排放、空气质量和设施维护成本的有效手段，特别是在建筑环境和设施管理中使用数字孪生技术，这对建筑运营所带来的最大价值是降低建筑运营成本和改进能源管理模式，实现自动化运营并且预测维护及功能需求，帮助企业降低运维成本、减少资源耗用和计算碳足迹（图 7-4）。

图 7-4　智慧能源管理

 学习小结

完成本节学习后，读者应该认知智慧运维，了解基于 BIM 的资产管理与机电及设备运维管理两大核心功能，明白智慧能源管理的应用价值。

知识拓展

码 7-5　智慧医院运维管理平台

习题与思考

1. 判断题

（1）智慧运维的主要目标是提高建筑设施的效率和可靠性，延长设施的寿命，降低设施的维护成本。（　　）

（2）运维阶段竣工模型的形成经过设计阶段、施工阶段、竣工验收阶段，是智慧运维的基础。（　　）

2. 简答题

（1）概述智慧运维管理平台的主要功能。

（2）概述实现基于 BIM 的资产管理的三个步骤。

（3）概述智慧能源管理的定义与价值。

码 7-6　习题与思考参考答案

（8）

建筑产业
互联网

建筑产业互联网概述

建筑产业互联网的定义与核心价值
建筑产业互联网的内涵与特征
建筑产业互联网的现状分析
建筑产业互联网的发展趋势

认知建筑产业互联网平台

建筑产业互联网的系统架构
建筑产业互联网平台功能设计
建筑产业互联网平台案例

行业级建筑产业互联网平台

行业级建筑产业互联网
行业级建筑产业互联网应用案例

政府监管平台

政府监管平台
政府监管平台应用案例 1：××建筑工地安全监
管平台
政府监管平台应用案例 2：BIM 审查平台
政府监管平台应用案例 3：建筑能源互联网平台

8.1 建筑产业互联网概述

教学目标 📖

一、知识目标

1. 掌握建筑产业互联网的定义、内涵及特征；
2. 了解建筑产业互联网的现状及发展趋势。

二、能力目标

1. 能表述出建设建筑产业互联网的四大核心价值；
2. 能表述出建筑产业互联网发展的三大趋势。

三、素养目标

1. 掌握相关的技术和工具，具备解决实际问题的能力；
2. 能持续关注行业动态和技术发展，不断更新自己的知识和技能。

学习任务 📑

深入理解建筑产业互联网的概念、内涵及特征，能够全面把握建筑产业互联网的核心要素，理解其运作机制，并洞察其未来的发展方向，从而为后续在建筑产业互联网领域的实际应用做好充分准备。

建议学时 ✛

2 学时

思维导图

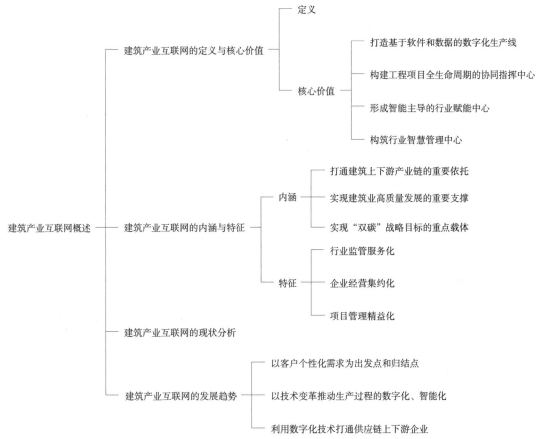

8.1.1　建筑产业互联网的定义与核心价值

1. 定义

建筑产业互联网是以原材料、机器设备、控制系统、信息系统、产品等要素间网络互联为基础，通过对建筑产业大数据的全面深度感知、实时传输交换、快速计算处理和高级建模分析，实现供应采购、协同设计、智能生产、智能施工、智能运维等生产和组织方式变革，对接融合工业互联网，形成全产业链融合一体的智能建造产业和应用生态。

建筑产业互联网平台融合前沿数字技术与先进精益建造理论方法，贯穿工程项目全过程，升级产业全要素，连接工程项目全参与方，提供虚拟建造服务和虚实结合的孪生建造服务，系统性地实现全产业链的资源优化配置，最大化提升生产效率，赋能产业链各方。建筑产业互联网平台通过"协作、赋能与共生"将建筑企业组织、单位聚合在一起，发挥共享资源、相互吸引、相互补充的作用，形成一个集体利益共同体，为建筑产业企业提供一站式的数字化、智能化服务，从而助推建筑产业的转型升级。

2. 核心价值

建筑产业互联网将重点支撑建筑行业在产品形态、商业模式、生产方式、管理模式和监管方式等方面发生变革性的变化，其核心价值主要为以下四方面：

打造基于软件和数据的数字化生产线：通过建筑工业互联网将工厂生产与施工现场实时连接并实现智能交互，实现工厂和现场一体化以及全产业链的协同。

构建工程项目全生命周期的协同指挥中心：通过对各要素的数字化管理完成基础作业数据的采集，通过基于业务模型的数据分析实现对项目建设过程决策数据的实时反馈，依据管控规则进行动态预警，辅助项目的智能决策和智能调度。

形成智能主导的行业赋能中心：构建一套基于数据自动驱动的状态感知、实时分析、科学决策、精准执行的智能化闭环赋能体系，依托开放网络把建筑工地、建设单位紧密连接，结合大数据、人工智能等新技术，实现收集数据、处理数据和智能决策，保障产业链相关方在统一平台上大规模、生态化聚集，共同完成建筑的设计、采购、生产、施工与运维，形成具有较强竞争力和功能强大的产业生态集群。

构筑行业智慧管理中心：基于建筑行业上下游异构数据的集成统一，建立面向行业监管的各类应用模块，实现对行业重点指标、重点项目和重点企业的实时监测，质量安全系统的集成监管，各类资源要素的应急调度，以及行业标准化、信息化工作的应用服务，辅助政府对行业运行、改革推进实行更为精准、高效的研判、监测、评估和审批工作，提升政府服务效率。

8.1.2 建筑产业互联网的内涵与特征

1. 内涵

传统产业的价值链是面向客户并围绕设计、生产、销售、服务单向和线性的价值链，所有企业均围绕着单一的价值链运作和产生价值。在产业互联网时代，施工企业可在价值链各个环节都充分利用互联网的技术和思维进行创新，企业可以不必亲力亲为，将这些专业事情交给行业已经成型的互联网平台或服务商去完成，即在每个价值链上又会形成新的价值链，将有利于施工企业聚焦于自身的业务能力和管理效率提升，占据价值链高端，并充分利用行业互联网平台的资源获取能力去配置自身的价值链资源，提高每个节点的生产力水平，形成从单向价值链到网状价值链的转变。同时，在此过程中，施工企业应注意从层级式组织向扁平化组织转变。在组织机构层级上，要改变原有的金字塔式复杂层级的组织体系，转变为以客户价值为导向，从中心化向扁平化，从组织驱动向自我驱动转化，提高企业的运行效率和创新能力，以应对复杂多变的各种环境。

1）建筑产业互联网平台是打通建筑上下游产业链的重要依托。建筑产业互联网平台融合网络技术、数字技术，整合汇聚产业链上下游数据资源，贯穿工程项目建设全生命周期，通过协作、赋能、共生将建筑企业、项目聚合在一起，系统性地促进全产业链的资源优化配置，充分发挥集成效用，提供数字一体化、智能化服务，助力建筑产业转型升级，推动信息技术与建筑业深度融合发展。

2）建筑产业互联网平台是实现建筑业高质量发展的重要支撑。建筑产业互联网平台是集成 5G、人工智能等新信息技术的开放型平台，通过融合应用建筑设计、生产、施工、运维等产业链各环节数据，创新发展模式，有效支撑建筑产业企业数字化水平提升，并通过不断推进数字技术开发迭代，壮大数字建筑供给体系，形成建筑领域数字经济新生态，助推建筑产业高质量发展。

3）建筑产业互联网平台是实现"双碳"战略目标的重要载体。建筑产业互联网平台通过融合数字孪生技术提供建筑绿色设计，通过融合大数据技术、物联感知技术，实时感知、监控建设与装饰装修用能耗能、废弃物排放等，提供项目施工过程的绿色化管理，通过融合云计算技术、人工智能技术构建建筑节能降耗和安全运行管控数字化模型，提供建筑低碳环保运维过程的智能化决策与自动化控制，实现建筑全生命周期的绿色化服务。

2. 特征

（1）行业监管服务化。一是通过搭建基于互联网的专业应用系统，高效服务；二是通过大数据技术，实现工程、企业、人员和信用等信息资源统一和共享；三是通过大数据分析技术对监管数据进行科学分析和挖掘，实现智慧型辅助决策功能。

（2）企业经营集约化。企业增长方式由依靠生产要素投入，片面追求数量、速度和规模扩张向主要依靠科技进步、劳动者素质提高、管理创新、资源优化配置等方式转变，充分利用互联网平台实现企业内资源的高效集约管理，可扩展至行业公共互联网平台，实现全行业、全社会的资源配置。

（3）项目管理精益化。围绕客户，以精益化的技术方法结合精益思想，对项目在成本、工期、质量和安全四个方面同时进行改善，实现客户价值最大化和浪费最小化。

数字化时代，客户需求个性化、信息化和工业化深度融合、供应链开放合作是经济发展的基本特征，也是数字经济发展趋势和实现高质量发展的基本要求。建筑企业应该顺应这一发展趋势，改变粗放型劳动密集型生产方式，推动建筑产业互联网建设和普及，促进建筑业高质量发展。

8.1.3　建筑产业互联网的现状分析

当前，发达国家纷纷加快推进工业互联网建设，如美国在先进制造国家战略中，将工业互联网平台作为重点发展方向；德国工业 4.0 战略也将推进网络化制造作为核心。在我国，国家高度重视发展工业互联网，通过工业互联网赋能制造业数字化转型，已经催生出智能化生产、社会化协同、个性化定制、服务化制造等典型场景，为建筑业的数字化转型升级提供了很好的借鉴作用。

《住房和城乡建设部等部门关于推动智能建造与建筑工业化协同发展的指导意见》（建市〔2020〕60号），明确提出加快建设建筑产业互联网平台，推动产业向数字化、智能化升级，该意见的发布为建筑产业互联网的发展按下了加速键。建筑产业互联网是工业互联网在建筑行业的应用，通过数字技术对建筑产业链上全要素信息进行采集汇聚和分析，支撑建筑行业向工业级精细化方向转型升级，目标是优化建筑行业全要素配置，促进全产业链协同发展，提高全行业整体效益水平，推动行业实现高质量发展。

结合国家提出的发展趋势，中国建筑业从传统的粗放发展向工业化、产业化、信息化建设转型，而平台具有聚合优质资源的力量，建筑产业互联网平台是建筑业发展的必然方向。依托建筑产业工业互联网平台，用户可以找到优质的资源或项目，以更高的效率、更低的成本、更可信的资金、更优质的人才极大地改变传统工作模式、管理模式，实现平台化、数字化、在线化和智能化。

8.1.4 建筑产业互联网的发展趋势

首先，以客户个性化需求为出发点和归结点。客户体验决定了未来产业发展的趋势。在许多产业，个性化、差异化客户需求不断演变，逐渐从千篇一律过渡到千人千面，这一发展趋势未来也会在建筑产业中体现。随着业务需求和客户需求不断发展，建筑空间需要变得更具适应性和灵活性。未来的空间需要适应不同的场景，为多模式、多功能预留可能性，科技既可以作为工具，也可以作为媒介，帮助行业转型进行设计。

其次，以技术变革推动生产过程的数字化、智能化。建筑业数字化发展的关键和基础是产品数字化和产业数字化，这是集成了建筑业整个供应链和生产活动智能建造发展的关键基础。国家和行业大力推行的BIM技术正是数字模型技术的代表，也是行业克服困难、实现成功转型的突破口。基于此，数据驱动设计、远程协作、建筑工业化和自动化等将大力推动工程建设行业的数字化变革。无论采用何种技术，都要高度重视建立企业和供应链数字模型技术的研发应用。

再次，利用数字化技术打通供应链上下游企业，实现信息协同和产业效率的升级。例如，浪费现象在整个建筑领域均十分明显，物料和人工在实施过程中的损耗可能超过1/3，而通过数字化技术打通供应链，建筑业就可以大大减少浪费，还能让管理效能得到提高，伤亡得以减少，安全得到保障。此外，建筑业数字化还能大幅提升节能环保效能。

学习小结

完成本节学习后，读者应能理解建筑产业互联网的定义、内涵、特征、现状以及发展趋势。对建筑产业互联网的核心概念形成清晰认识，掌握其内涵和特征，对其在建筑行业中的应用价值和潜力有深入了解。同时，对建筑产业互联网的现状有全面把握，了解其在当前建筑行业中的发展状况和存在的问题。最后，应能够洞察建筑产业互联网的发展趋势，为未来的应用和发展做好充分的准备。

知识拓展

码 8-1　建筑产业互联网的关键技术认知

习题与思考

1. 填空题

（1）建筑产业互联网的三大特征是_____、_____、_____。

（2）建筑产业互联网的四大核心价值是_____、_____、_____、_____。

2. 简答题

（1）概述建筑产业互联网的定义。

（2）概述建筑产业互联网的三大内涵。

码 8-2　习题与思考参考答案

8.2 认知建筑产业互联网平台

一、知识目标

1. 了解建筑产业互联网平台的系统架构；

2. 了解建筑产业互联网平台的功能设计，理解建筑产业互联网三大核心功能模块；

3. 了解建筑产业互联网平台的应用案例。

二、能力目标

1. 能够理解建筑产业互联网平台的功能；

2. 能说明不同层级建筑产业互联网平台的主要作用。

三、素养目标

1. 能够熟练掌握和应用建筑产业互联网相关技术，以适应行业发展的需求；

2. 具备创新思维和创新能力，能够提出新的想法和解决方案。

学习任务 🖥

对建筑产业互联网的架构、功能设计及应用案例有一个全面了解，为建筑产业互联网的各层级应用打下基础。通过应用案例认识各类平台的具体内容及运转模式。

建议学时 ⊹

2 学时

思维导图

8.2.1　建筑产业互联网的系统架构

　　建筑产业互联网平台总体架构应包括五个横向层级和两大纵向体系，五个横向层级包括设备层、网络层、可信 IaaS 层、平台层（工业 PaaS）和应用终端层（工业 SaaS），两大纵向体系包括标准与规范体系、运维与安全防护体系。横向层级的上层对下层具有依赖关系，纵向体系对于相关层级具有约束关系。具体可参考图 8-1。

　　● 设备层：应包括传感器、无人机、视频监控、激光扫描仪、智能闸机、RFID 等；

　　● 网络层：应包括 NB-IoT、eLTE、LET-V、5G 等；

　　● 可信 IaaS 层：应包括云基础设施、计算服务、存储服务、网络服务等；

　　● 平台层（工业 PaaS）：应包括电子商务平台、绿色建造平台、装配式建筑平台等；

　　● 应用终端层（工业 SaaS）：应包括项目各层级管理者、业主、施工单位、建筑业工人、政府监管人员、其他利益相关方等；可根据不同场景需求提供 PC 端、手机端、本地端；

　　● 标准与规范体系：应建立统一的标准规范，指导建筑产业互联网平台的建设和管理，应与国家和行业数据标准与技术规范衔接；

图8-1 建筑产业互联网平台整体架构

● 运维与安全防护体系：应按照国家网络安全等级保护相关政策和标准要求建立信息安全保障体系，保障平台网络、数据、应用及服务的稳定运行。

在需求分析的基础上，建筑产业互联网平台现阶段需要实现电子商务平台、绿色建造平台、装配式建筑平台等几方面的功能。在未来的发展中仍有更多的功能可以集成进产业互联网平台，实现真正的产业互联。

8.2.2 建筑产业互联网平台功能设计

根据建筑产业互联网平台整体架构（图8-1），建筑产业互联网主要有三大核心功能模块，包含电子商务、绿色建造以及装配式建筑。通过三大功能模块，旨在为建筑企业"专精特新"发展提供集成化、数字化一站式赋能服务体系的建筑产业互联网平台。平台具体功能描述如表8-1所示。

建筑产业互联网平台功能设计　　　　　　　　　　　　　　　　　表8-1

平台类型	平台功能	具体内容
电子商务	建设工程招标投标	招标管理、投标管理、评标管理、信息发布、基础维护、信息查询、招标统计
	建材集中采购	供应商资质审核、供求交易平台、采购业务实时在线协同、数字化生态融合

续表

平台类型	平台功能	具体内容
电子商务	工程设备、周转材料租赁	供应商全生命周期管理、供求交易平台、采购业务实时在线协同、数字化生态融合
	建筑劳务用工管理	建筑工人实名制信息录入、云端政务、企业云端管理、平台现场端、移动端应用
绿色建造	智能化建筑垃圾处理	渣土平台监管、建筑垃圾再利用
	智能化能耗监管	政府宏观掌握、企业节能优化运行、公众支持节能行为模式
	绿色建筑管理	绿色建筑标准、绿色建材供应、绿色建筑认证
装配式建筑	装配式混凝土建筑	混凝土构件产品标准化、安装团队构建，形成标准化安装手册、设计、施工一体化
	装配式钢结构建筑	钢结构构件产品标准化、安装团队构建，形成标准化安装手册、设计、施工一体化

8.2.3　建筑产业互联网平台案例

（1）电子商务平台

建筑产业互联网平台正处于发展的萌芽阶段。现阶段对于建筑业行业提升最为关键最有价值的即是搭建建设工程招标投标平台、建材集中采购平台、工程设备及周转材料租赁平台、建筑劳务用工管理平台这四大采购管理平台，共同实现电子商务平台的核心功能，四个平台将促使建筑业向平台化进步。

1）建设工程招标投标平台

建设工程招标投标平台（图 8-2）通过将招标投标过程中各个角色，如竞标者、业主、招标机构、评标专家、政府监督机构在平台上连接起来，凭借互联网运行成本低、覆盖面广的优势，缩短传统招标投标过程，在网上通过电子手段进行数据传递、评标、开标、发布中标结果。其在减少徇私舞弊和暗箱操作方面有重要意义。

2）建材集中采购平台

建材集中采购平台（图 8-3）具备完整的资质申报和审核机制，确保平台建材质量过关。平台有完整的年检制度，及时将失信企业从平台剔除，保证交易的公平；供应商在平台上展示其可提供的各种建材，采购方同样可在平台上发布需求，提供供求双方合理议价的平台，实现高效优质的采购流程；通过优化内外部协调机制，推动采购端与跨职能团队及供应商间的良性协作，提升采购效率和效益；为供求双方企业与平台间打通信息接口，包括 ERP、OA 等；同时连接发票、第三方平台、电子签章、工商法务征信等互联网生态周边应用。

图 8-2　建设工程招标投标平台

图 8-3　建材集中采购平台

3）工程设备、周转材料租赁平台

该平台包括供应商开发、认证引入、绩效评估与风险管理以及供应商废止在内的供应商全生命周期管理等相关功能。供应商在平台上（图 8-4）展示其可提供的各种机械设备和周转材料，租赁方同样可在平台上发布需求，平台提供供求双方合理议价渠道，实现高效优质的采购；与建材集中采购平台功能相似，供应商和租赁方均可以通过租赁平台实现长久的良性协作与互动，提升采购效率和效益；在数字化生态融合方面，平台为供求双方企业与平台间打通信息接口，包括 ERP、OA 等；平台同时连接发票、第三方平台、电子签章、工商法务征信等互联网生态周边应用。

图 8-4　工程设备、周转材料租赁平台

4）建筑劳务用工管理平台

以工人移动端、项目现场端、企业云平台、政府监管政务云为基础，围绕以建筑工人实名认证、劳动合同签订、工人考勤、工资发放、政府监管为核心来打造实名制整体解决方案。

以建筑工人实名制为核心，以劳务合同、日常考勤、工人薪资、教育培训及工人信用评价形成工人唯一的档案，结合工人劳动迁徙，实现建筑工人职业化、劳务企业专业化，避免工资拖欠情况出现；住房和城乡建设部对建筑企业工人的实名登记、出勤、劳务合同签订、工资发放等进行监管；企业对实名登记、劳务合同签订、考勤记录、工资发放等进行管理；项目现场基于边缘计算 AI、大数据等技术进行人脸识别、出勤管理、在线签订合同、一键查看薪资结构、出勤、工资发放。

（2）绿色建造平台

绿色建造平台是建筑产业互联网平台未来可实现的发展方向，其可实现智能化建筑垃圾处理平台、智能化能耗监管平台与绿色建筑管理平台等绿色建造的功能。

1）智能化建筑垃圾处理平台

渣土平台监管：渣土车全部安装卫星定位系统和全密闭管控系统。平台可实现一体化全天候无缝隙监督管理；GPS 卫星管理系统在人为切断电源后还可继续跟踪管理 30 天；设定"智能围墙"对渣土车的运输时间、运输路线、消纳地点进行视频监控管理，从而杜绝了乱拉、无序运输和污染环境的现象发生。

建筑垃圾再利用：建筑垃圾的资源化利用，平台提供建筑垃圾再生处置项目，充分利用资源，生产再生碎石、商品混凝土等再生资源。

2）智能化能耗监管平台

从政府层面宏观掌握建筑能耗水平及趋势；制定建筑节能法规规划；获得数据支撑研究建筑节能相关技术标准；制定建筑节能实施政策与措施；从企业层面了解建筑能耗状况及水平；节能诊断评估与改造，支撑节能优化运行；从公众层面通过平台知晓建筑能耗信息；支持节能行为模式；在平台上收获节能宣传，培养节能意识。

3）绿色建筑管理平台

平台整合国家现行所有绿色建筑标准作为参考；包括绿色建材供应商开发、认证引入、绩效评估与风险管理以及供应商废止在内的供应商全生命周期管理；专家库构建；政府联动，绿色建筑数字认证及证书颁发。

学习小结

完成本节学习后，读者应该对建筑产业互联网的系统架构及功能设计有一个系统完整的认知，了解建筑产业互联网平台案例，理解建筑产业互联网平台的功能及其作用。

知识拓展

码 8-3　建筑产业互联网的应用效益

习题与思考

1. 填空题

（1）建筑产业互联网平台总体架构应包括五个横向层级和两大纵向体系，五个横向层级包括_____、_____、_____、_____、_____，两大纵向体系包括_____和_____。

（2）对于建筑业行业提升最有价值的即是实现平台化的电子商务，搭建_____、_____、_____、_____四大采购管理平台。

2. 简答题

（1）简要阐述各建筑产业互联网平台的类型及功能，并进一步说明建筑产业互联网平台功能设计的具体内容。

（2）请具体说明建筑产业互联网平台总体架构中平台层的内容。

码 8-4　习题与思考参考答案

8.3 行业级建筑产业互联网平台

 教学目标

一、知识目标

1. 了解行业级建筑产业互联网的定义；

2. 知晓建设行业级建筑产业互联网的意义。

二、能力目标

能说明行业级建筑产业互联网平台的具体功能和作用。

三、素养目标

1. 具有良好倾听的能力，能有效地获得各种资讯；

2. 能正确表达自己思想，学会理解和分析问题。

 学习任务

掌握行业级建筑产业互联网的相关知识，对行业级建筑产业互联网及行业层应用有较充分认知，了解部分行业级建筑产业互联网应用案例，为其在各层级的应用提供有力的理论支持和实践指导，推动建筑产业互联网的发展与应用不断迈向新的高度。

 建议学时

1 学时

8.3.1　行业级建筑产业互联网

　　行业级建筑产业互联网平台面向建筑产业全环节，为企业提供勘察、设计、生产、施工、运营等建筑产品全生命周期管理和服务。通过建设建筑行业级互联网和标识解析行业节点体系，打通建筑设计、生产、运输、施工全流程的数据流通和协同管理；以市场需求为导向，以数据共享为支撑，建立新型的行业生态和灵活的上下游关系，助推建筑行业的变革。

　　在行业层建设产业链资源协同平台，以"建造业产业链运转效率提高、运转成本降低、总体效益提升"为原则，实现建造业同行业或跨行业资源整合和模式创新。通过构建行业级供应链平台和标识解析行业节点体系，打通建筑部品生产—采购—配送、机械设备租赁、物流运输、建筑劳务用工、建材认证、施工等全链条、全流程、全要素的数据流通和协同管理，提升供应链协同水平，满足设计企业、建造企业、材料企业、检测企业、设备租赁企业、劳务单位、检测单位等不同相关方需求，推动行业内资源的高效配置。

　　同时采用"互联网＋建筑工业化＋供应链金融"的模式，强调利用数据驱动、科技驱动，基于真实交易拓展供应链金融服务，通过双边赋能增强黏性，以市场需求为导向，以数据共享为支撑，建立新型的行业生态和灵活的上下游关系，助推建筑全行业的变革。行业层平台包括云设计、云供采、云劳务、云设备租赁、产融等服务模块（图8-5）。

图8-5　行业级建筑产业互联网

8.3.2　行业级建筑产业互联网应用案例

1. 互联网材价信息服务平台

　　工程项目中，材料和设备的成本占到项目建安成本的70%以上，而对于材料价格信息的询价和确认，在整个项目生命周期的各个阶段，包括设计（材料选择）、招标投标（交易和谈判）、成本管理（指标形成和更新）、结算审价，甚至运维阶段，会占用一线造价工程师 25% 及以上的工作时间，因此，材价信息的获取至关重要，影响深远，是成本管理岗位提效的重要一环。在某网市场价数据库中，收录了全国 31 个省市超过 3000 万条材料的品牌最新市场价、10 万余家厂商联系信息。

2. 云集采平台

通过打造线上阳光集采，线下区域联采的"互联网+"集中采购新模式，为全行业提供专业的集中采购服务平台。不仅将传统线下询价、招标投标、订单、合同、结算等业务环节通过电子商务平台转移到线上进行，有效保证了供求双方遵循公开、公正、公平的契约原则实现采购全流程的公开透明，有效控制企业的采购成本。平台还有着规范的管理体系和较强的运作能力，利用电商平台通过批量采购、公开招标投标、规范报价、集中供应等方式，改进了传统建筑物资采购的交易流程与交易时间，大幅降低企业采购的交易成本。

3. 云劳务平台

为贯彻落实《国务院办公厅关于促进建筑业持续健康发展的意见》（国办发〔2017〕19 号），推进建筑工人实名制管理，切实保障建筑工人合法权益，住房和城乡建设部在 2018 年 11 月 12 日启用全国建筑工人管理服务信息平台。

该平台以实名制一卡通为核心，响应国家全面治理拖欠农民工工资问题的意见以及互联网+战略，以物联网为基础，整合多方资源，构筑劳务大数据中心，促进劳务管理变革，创新发展建筑劳务产业；以大型建筑企业为依托，优化劳务供应链体系，规范劳务公司管理，建立相对稳定的用工和用人关系，通过构建全国建筑工人网、劳务管理云、手机服务端，打造劳务管理大数据平台，提高行业整体管理水平，构建行业新生态，提升整个劳务产业化程度。劳务体系构建健全完善后，将实现劳务工人职业化、劳务管理标准化、总包管理数字化、资源服务社会化和政府监管法制化，着力规范工资支付行为、优化市场环境、强化监管责任，健全预防和解决拖欠农民工工资问题的长效机制，切实保障农民工劳动报酬权益，维护社会公平正义，促进社会和谐稳定。

各省级住房和城乡建设主管部门完善相关管理制度，制定工作措施，加强建筑工人实名制管理，及时记录建筑工人的身份信息、培训情况、职业技能、从业记录等信息，逐步实现本地区房屋建筑和市政基础设施建设项目全覆盖。

 学习小结

经过本节学习，读者将能够对行业级建筑产业互联网形成系统完整的认知，并深入了解行业层平台所涵盖的云设计、云供采、云劳务、云设备租赁、产融等核心服务模块。

不仅掌握这些服务模块的基本概念和功能特点，还要理解它们在建筑产业互联网中的应用价值和实际作用，为后续在建筑产业互联网领域的实践应用提供有力支持。

知识拓展

码 8-5　行业级建筑产业互联网案例

习题与思考

1. 填空题

（1）行业级建筑产业互联网平台是面向＿＿＿＿＿＿，为企业提供＿＿＿＿、＿＿＿＿、＿＿＿＿、＿＿＿＿、＿＿＿＿等建筑产品全生命周期管理和服务。通过建设建筑行业级互联网和标识解析行业节点体系，打通建筑设计、生产、运输、施工全流程的＿＿＿＿和＿＿＿＿；以＿＿＿＿为导向，以＿＿＿＿为支撑，建立新型的行业生态和灵活的上下游关系，助推建筑行业的变革。

（2）行业级建筑产业互联网包含了＿＿＿＿、＿＿＿＿、＿＿＿＿、＿＿＿＿、＿＿＿＿五大行业层应用。

2. 简答题

（1）概述行业级建筑产业互联网的意义。

（2）列举一个行业级建筑产业互联网应用案例。

码 8-6　习题与思考参考答案

8.4 政府监管平台

教学目标 📖

一、知识目标

了解政府监管平台。

二、能力目标

能说明政府监管平台的具体功能和作用。

三、素养目标

1. 具备社会责任感和公益意识，积极参与社会公益活动，为行业发展贡献力量；

2. 具备跨界融合的能力，能够将不同领域的知识和技术进行融合应用。

学习任务 🖥

对政府监管平台有一个全面了解，知晓 3 种不同类型的政府监管平台，为建筑产业互联网的各层级应用打下基础。

建议学时 ⊡

1 学时

思维导图

政府监管平台 ─┬─ 政府监管平台

　　　　　　　├─ 政府监管平台应用案例1：××建筑工地安全监管平台

　　　　　　　├─ 政府监管平台应用案例2：BIM审查平台

　　　　　　　└─ 政府监管平台应用案例3：建筑能源互联网平台

8.4.1　政府监管平台

政府监管平台是利用建筑技术软件与现有的制度和标准对接，依托建筑产业互联网监测行业核心数据，建立全流程的智能监管平台，从设计、生产到施工装配和验收全覆盖，对安全文明施工与施工现场管理、建筑工人实名管理、施工现场环保措施管理等进行重点监控，服务政府决策分析，助力实现精准施策和精确调度。

将 BIM、GIS、大数据、物联网等技术集成，支撑建设了政府级产业互联网平台，以BIM 模型为数据底座，将住建领域涉及的智能建造项目在统一的管理平台（图 8-6）进行有机整合，实现基于一张图视角下的智能建造项目全过程监管。

图 8-6　数字住建管理平台

8.4.2 政府监管平台应用案例1：××建筑工地安全监管平台

××建筑工地安全监管平台（图8-7）是将线下的报监、安全检查、各个质量节点的验收以及通知公告放到线上，配合移动检查端进行线上检查、整改以及审批；采用注册、报监的形式将信息统一管理，形成企业库、人员库、项目库、诚信库为一体的四库一体平台，动态管理项目信息，为主管单位决策提供数据支持。全面实现全平台"数据一个库、监管一张网、管理一条线"的信息化监管目标。

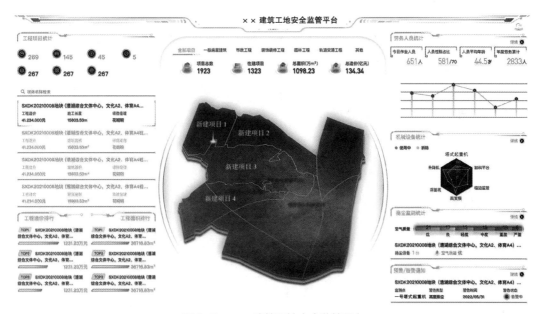

图 8-7　××建筑工地安全监管平台

目前，该平台已有效监管区内在建报建工程项目295个，报建工程完工项目145个，在建小型临时工程项目39个，完工小型临时工程项目18个，截至2022年11月底开出了安全检查单1517张，质量检查单1318张，极大地提升了监管效率。

8.4.3 政府监管平台应用案例2：BIM审查平台

某BIM审查平台（图8-8）于2022年11月正式上线运行，结合审查细则，以施工许可证和工程竣工备案为抓手，对BIM模型数据进行自动化审查，实现一键式模型质量报告导出，平台现已累计助力31个项目（房建21个、市政10个）实现线上模型审查。为保证数据的兼容性和审查效率，该平台设置了两大核心功能：一个是数据转换，全面支持行业常用 BIM 软件 Revit、Bentley 等原生数据格式导入，实现数据离线化转换，确保数据安全；二个是轻量化引擎，实现数据在线高效、高质量展现和审查，结合自定义数据审查标准，确保数据质量。

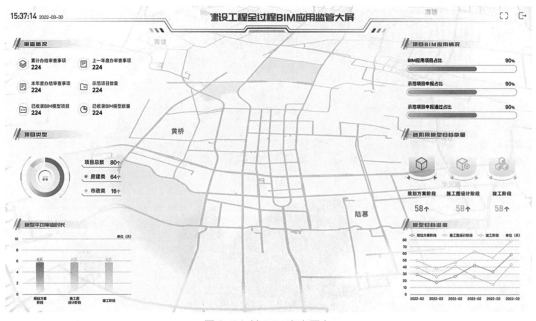

图 8-8　某 BIM 审查平台

8.4.4　政府监管平台应用案例 3：建筑能源互联网平台

基于某双碳先导示范区，以建筑能源互联网平台为导向，进行片区建筑能源系统的整体改造，推广建筑能源中心建设，通过数字化手段实现建筑储能、用能与电力供给侧的实时联动，有效平衡电力供需（图 8-9）。

图 8-9　建筑能源互联网

学习小结

完成本节学习后，读者应该对政府监管平台有一个系统完整认识，通过对安全监管平台、BIM审查平台、建筑能源互联网平台的学习，知道数字化监管助力政府实现精准施策和精确调度。

知识拓展

码 8-7　政府监管平台案例

习题与思考

简答题

（1）概述政府监管平台的意义。

（2）列举一个政府监管平台应用案例。

码 8-8　习题与思考参考答案

参考文献

[1] 丁烈云.智能建造推动建筑产业变革[N].中国建设报，2019-06-07（8）.

[2] 马智亮.智能建造与建筑工业化协同发展的技术创新思考[J].中国勘察设计，2020（9）：28-30.

[3] 廖维张，侯敬峰，李天华.面向智能建造技术的专业人才培养探索[J].建筑技术，2022，53（11）：1580-1584.

[4] 于洋.浅谈建筑业智能建造发展现状及未来趋势[J].建筑机械化，2022（6）：6-7+35.

[5] 毛志兵.建筑工程新型建造方式[M].北京：中国建筑工业出版社，2018.

[6] 王睿妍.智能建造国内外政策及未来发展方向[J].施工企业管理，2022（11）：76-77.

[7] 刘占省，刘诗楠，赵玉红，等.智能建造技术发展现状与未来趋势[J].建筑技术，2019，50（7）：772-779.

[8] 毛超，彭窖胭.智能建筑的理论框架与核心逻辑构建[J].工程管理学报，2020，34（5）：1-6.

[9] 尤志嘉，郑莲琼，冯凌俊.智能建造系统基础理论与体系结构[J].土木工程与管理学报，2021，38（2）：105-111+118.

[10] 刘时雨，梁拯.BIM技术在建筑设计施工一体化中的应用[J].工程技术与应用，2020，12：42-43.

[11] 毛超，刘贵文.智慧建造概论[M].重庆：重庆大学出版社，2022.

[12] 丁烈云.数字建造导论[M].北京：中国建筑工业出版社，2019.

[13] 叶浩文，王兵，田子玄.装配式混凝土建筑一体化建造关键技术研究与展望[J].施工技术，2018，47（6）.

[14] 陈志华，周子栋，刘佳迪，等.多层钢结构模块建筑结构设计与分析[J].建筑结构，2019，49（16）：59-64+18.

[15] 王博涵，王彦潮，仲美玲.基于BIM技术的绿色建筑设计方法研究[J].中国建筑金属结构，2020（8）：88-89.

[16] 高路，周雅文.基于BIM的装配式PC构件BOM物料管理体系研究[J].中国建设信息化，2018（16）：68-69.

[17] 金贤庆.建筑业供应链管理现状及转型思路[J].学习与研究，2022（12）：26-28.

[18] 王雷雷，尹俊，李志强，等.基于智能机器人的混凝土施工技术[J].广东土木与建筑，2023，30（4）：16-18+41.

[19] 刘国军.谈谈智能机器人在未来建筑工程中的发展前景[J].中国建材，2023（2）：108-109.

[20] 曹晟，杨明.基于机器人的智能化混凝土施工技术研究——以广东凤桐花园一期项目为例[J].福建建筑，2023（1）：100-103.

[21] 刘洁，刘星辰，徐卫国．互感、互知、互联——智能机器人时代的建筑 [J]. 当代建筑，2022（6）：14–18.

[22] 吴学松，江楚杰．智能控制施工升降机关键技术研究与应用 [J]. 建筑机械化，2022，43（3）：9–12.

[23] 葛树志．智能机器人在建筑行业的创新实践 [J]. 软件和集成电路，2019（12）：48–49.

[24] 李念勇．智能建筑机器人与施工现场结合的探讨 [J]. 建筑，2019（1）：36–37.

[25] 郭庆军，贾哲，郝倩雯．建筑装备智能化应用现状分析及展望 [J]. 筑路机械与施工机械化，2018，35（6）：25–33.

[26] 韩冰．建筑行业数字化交付实施的方向与思考 [J]. 建筑技术，2023，54（2）：249–252.

[27] 张鹤，陈馨．基于 BIM 的数字化交付与数字化工厂技术应用探索 [J]. 中国建设信息化，2021（14）：44–47.

[28] 丁烈云．智能建造创新型工程科技人才培养的思考 [J]. 高等工程教育研究，2019（5）：1–4+29.

[29] 陈珂，丁烈云．我国智能建造关键领域技术发展的战略思考 [J]. 中国工程科学，2021，23（04）：64–70.

[30] 李国建，宫长义，施明哲，等．智能建造开启建筑行业新机遇 [J]. 江苏建筑，2022（6）：4–7+21.

[31] 彭波，王卫峰，胡继强，等．建筑产业互联网发展现状与对策 [J]. 建筑经济，2023，44（2）：14–20.

[32] 贺提胜，荆亚倩，郭传林．建筑产业互联网平台实施路径及推进策略的研究 [J]. 成组技术与生产现代化，2023，40（1）：14–19.

[33] 魏树臣，宁文忠，张军，等．建筑企业物联网平台的建设规划与思路 [J]. 智能建筑与城市信息，2021（3）：38–41.

[34] 孙鸿玲，皮杰．"互联网 +"——建筑产业转型升级的核心引擎 [J]. 科技促进发展，2018，14（07）：599–606.

[35] 冯宇，房霆宸．建筑工业互联网平台技术发展战略研究 [J]. 建筑施工，2022，44（12）：3051–3054.

[36] 程梦圆．建筑产业互联网平台发展制约因素及发展路径研究 [D]. 北京：北方工业大学，2022.

图书在版编目（CIP）数据

智能建造概论 / 江苏省建设教育协会组织编写；王伟，汪丛军主编；叶娟娟，王志海，程富强副主编.—北京：中国建筑工业出版社，2024.2（2024.11重印）

高等职业教育智能建造类专业"十四五"系列教材

住房和城乡建设领域"十四五"智能建造技术培训教材

ISBN 978-7-112-29470-1

Ⅰ.①智… Ⅱ.①江…②王…③汪…④叶…⑤王…⑥程… Ⅲ.①智能技术—应用—建筑工程—高等职业教育—教材 Ⅳ.① TU74-39

中国国家版本馆 CIP 数据核字（2023）第 248604 号

本教材以理论为引领，以实践为导向，围绕基于数据驱动的智能建造体系，深入浅出，图文并茂，通俗易懂。本教材由两大部分组成。一是智能建造的背景（第1章和第2章），二是智能建造六专项的具体内容及应用案例（第3章至第8章）。

第一部分首先介绍了智能建造发展的背景、概念及发展趋势；然后以智能建造产业体系为依托，介绍了智能建造十大核心技术的应用情况及发展趋势。第二部分针对智能建造的数字一体化设计、部品部件智能生产、智能施工管理、建筑机器人及智能装备、数字交付与智慧运维、建筑产业互联网的定义、发展情况、应用场景及评价标准进行阐述。

本教材可作为职业院校的智能建造、土木工程、工程管理等专业的教材，也可作为建筑设计、施工、监理、咨询、科研、管理等各类从业人员的培训用书。本教材的主要目标是从土建类专业教师日常工作的需要出发，传授智能建造的基础知识、基本技能，提升课程设计能力与课程评价能力。

为了更好地支持相应课程的教学，我们向采用本书作为教材的教师提供课件，有需要者可与出版社联系。建工书院：http://edu.cabplink.com，邮箱：jckj@cabp.com.cn，2917266507@qq.com，电话：（010）58337285。

策划编辑：高延伟

责任编辑：聂 伟 杨 虹

责任校对：赵 力

高等职业教育智能建造类专业"十四五"系列教材
住房和城乡建设领域"十四五"智能建造技术培训教材
智能建造概论
组织编写 江苏省建设教育协会
主 编 王 伟 汪丛军
副 主 编 叶娟娟 王志海 程富强
主 审 杨 彬

*

中国建筑工业出版社出版、发行（北京海淀三里河路9号）

各地新华书店、建筑书店经销

北京雅盈中佳图文设计公司制版

北京中科印刷有限公司印刷

*

开本：787毫米×1092毫米 1/16 印张：$19\frac{1}{2}$ 字数：436千字

2024年6月第一版 2024年11月第二次印刷

定价：62.00元（附数字资源及赠教师课件）

ISBN 978-7-112-29470-1

（42193）